速生材楸树无性系节水抗旱机理

李吉跃　何　茜　王军辉　陈　博　著

中国林业出版社

图书在版编目（CIP）数据

速生材楸树无性系节水抗旱机理 / 李吉跃等著. —北京：中国林业出版社，
2019.12

ISBN 978-7-5219-0349-2

Ⅰ.①速⋯ Ⅱ.①李⋯ Ⅲ.①楸树 – 无性系 – 水分胁迫 – 抗旱性 –
光合作用 – 生理特性 – 研究 Ⅳ.①S792.99

中国版本图书馆 CIP 数据核字（2019）第 249984 号

责任编辑		于界芬
出版发行		中国林业出版社
		邮编：100009
		地址：北京市西城区德内大街刘海胡同 7 号
		电话：010 – 83143542
		网址：http://lycb.forestry.gov.cn
印　　刷		固安县京平诚乾印刷有限公司
版　　次		2019 年 12 月第 1 版
印　　次		2019 年 12 月第 1 次印刷
开　　本		787mm×960mm　1/16
印　　张		10
字　　数		148 千字
定　　价		58.00 元

前　言

楸树（*Catalpa bungei*）是紫葳科（Bignoniaceae）梓树属（*Catalpa*）植物。原产我国河北、河南、山东、山西、陕西、甘肃、江苏、浙江、湖南等地，在广西、贵州、云南等地也有栽培。楸树作为我国暖温带和亚热带传统栽培的珍贵优质用材树种和著名园林观赏树种，素以材质优良，树姿优美而深受群众喜爱，自古就有"木王"之美称。近几十年来，由于国家政策和科技计划项目等的大力支持以及科技人员和行业人员的努力推广，楸树受到了社会各界的广泛关注。随着楸树国家创新联盟（2018年11月24日成立）、河南省楸树种植业协会（2019年1月26日成立）等行业组织的相继成立，楸树产业呈现出蓬勃发展的态势，未来发展前景广阔。

自"七五"以来，林业科技工作者经过数十年的科学研究和实践探索，在楸树资源调查与保护、良种选育、嫁接、扦插、资源利用等方面取得了较多的研究成果。在资源方面，曾在全国范围进行过种质资源调查，基本摸清了我国楸树资源分布，将楸树组划分为21个种和类型。在良种选育方面，开展了楸树人工杂交授粉，选育出了大批杂种优良无性系，其中，"洛楸1号"和"洛楸2号"通过了国家林业局林木良种委员会审定，还有部分优良无性先后通过地方良种审定（河南："中林楸5号"和"中林楸6号"；山东：鲁楸1号'、'鲁楸2号'、'楸选8301'和'选8365'）。在嫁接技术方面，相关技术体系成熟，早已投入生产使用，并取得了良好的效果。在扦插技术方面，开展了大量楸树嫩枝、硬枝扦插试验，在关键技术环节已取得了较大突破，扦插技术已经形成了行业技术规程。在资源利用方面，围绕着楸树珍贵木材生产和园林观赏用途的市场开发与利用已逐渐形成体系。

从以往的研究来看，楸树资源调查和利用等领域已经取得了较多的研究成果，良种选育和苗木规模化繁育方面也进展迅速，但是，栽培技术方面的研究相对较少。随着楸树种植范围的扩大，如果在一些西北干旱地区推广种植时，

1

水分管理必将成为关注的重要问题。楸树是珍贵的速生树种，在人工林经营过程中，灌溉（抗旱）和水分消耗利用（节水）问题必然会成为研究的关键和热点。作者长期从事主要造林树种的水分关系及其抗旱机理研究，多数都是以树种（种间）为研究对象，比如油松、侧柏、栓皮栎、刺槐、元宝枫、毛白杨等，很少涉及种内节水抗旱机理的研究。本书以楸树无性系为研究对象，探索种内水分关系及其节水抗旱机制，从研究对象来看本身就是一个突破，具有重要的科学研究价值，在实际应用中也可以在无性系水平上选择适宜的造林地，更加丰富了适地适树的内涵，也可以说是对现代森林培育学的一种丰富和贡献。

作者

2019 年 12 月 25 日

目　录

楸树概述 1

楸树（*Catalpa bungei* C. A. Mey.）属紫葳科（Bignoniaceae）梓树属，原产我国，分布于东起海滨，西至甘肃，南始云南，北到长城的广大区域内，主要分布于河北、河南、山东、山西、陕西、甘肃、江苏、浙江、湖南，在广西、贵州、云南等地有栽培，在辽宁、内蒙古、新疆等省区引种试栽，均可良好生长，是我国暖温带和亚热带传统栽培的珍贵优质用材树种和著名园林观赏树种（郭从俭等，1988；杨玉珍等，2006），素以材质优良，树姿优美而深受群众喜爱，自古就有"木王"之美称（潘庆凯等，1991；张锦，2002）。楸树的历史久远，据研究，上溯至地质年代四季冰川前的始新世华北及其他地区就有楸树分布，是经历中国史前地质地貌结构变迁得以保存下来为数不多的古老活化石树种之一。在汉代人们不仅大面积栽培楸树，且能从楸树经营中得到丰厚收入。古时人们还有栽楸树以作财产遗传子孙后代的习惯。全国许多地方还保留有百年生的大楸树，不仅证明了楸树寿命长，而且反映了楸树在这些地方的古老历史。安徽省临泉县有一株600年以上的古楸树高25 m、胸径2.12 m、材积20 m³左右，堪称楸树之王。

古代关于楸树的名称，历代史书叫法不一。春秋《诗经》称楸树为"椅"。《左传》记楸为"萩"。战国时期《孟子》谓楸树"贾"。到了西汉，《史记》始称楸。东汉时期《说文》注云："贾"，楸也。宋《埤雅》又名楸为"木王"。该书还解释："椅即梓，梓即是楸。"又因楸与梓外形相象，古人常二者混称。《汉书》说："楸也，亦有误称为梓者。"古代劳动人民在长期从事楸树栽培的生产活动中，积累了丰富的种植经验。因为楸树多花而不实，所以《齐民要术》中说："楸既无子，可与大树四面，掘坑取栽之。方两步一根。"明《农政全书》论述埋根繁殖楸树的方法："春月断其根、茎于土，遂能发条，取以分种。"清《三农记》记述种楸之法："实熟收种熟土中，成条，移栽易生。"该书还记载分植楸树之法："于树下，取傍生者植之。"可见，古时候人们就已经掌握了培育楸树的多种方法。楸树的栽培历史见证了中国劳动人民生产不断进步的文化史。

西汉著名历史学家司马迁，在所著《史记·货殖传》中记载："淮北、常山已南，河济之间千树楸。此其人皆与千户侯等"。描绘出 2000 多年前楸树在中国中原、华北、西北广大区域栽培的盛况，而经营大面积楸树的人家都成为当时富甲一方的大户。古时人们还有栽楸树以作财产遗传子孙后代的习惯。南宋朱熹曰："桑、梓二木。古者，五亩之宅，树之墙下，以遗子孙，给蚕食，供器用也。"中国很多地方仍流传有"千年柏，万年杉，不如楸树一枝桠"的林谚。

1.1 生物学特性

1.1.1 形态特性

楸树属落叶乔木，树高 20～30 m，树冠为狭长的倒卵形，树皮呈灰褐色，树干通直，主枝是开阔而伸展，小枝呈灰绿色且无毛。叶三角状卵形或卵状长圆形，长 6～15 cm，宽达 8 cm，顶端长渐尖，基部截形，阔楔形或心形，有时基部具有 1～2 牙齿，叶面深绿色，叶背无毛；叶柄长 2～8 cm。顶生伞房状总状花序，有花 2～12 朵。花萼蕾时圆球形，2 唇开裂，顶端有尖齿。花冠浅粉色，内有紫红色斑点，长 3～3.5 cm。蒴果线形，长 25～45 cm，宽约 6 mm。种子狭长椭圆形，长约 1cm，宽约 2cm，两端生长毛。花期 4～5 月，果期 6～10 月。自花不孕，往往开花而不结实。

1.1.2 生长习性

楸树属喜光树种，喜温暖湿润气候，较耐寒，适生于年平均气温 10～15℃、年降水量 700～1200 mm 的地区。根蘖和萌芽能力强，侧根发达；幼树生长比较缓慢，10 年以后生长加快，楸树耐寒喜光，适宜肥沃且湿润的土壤，其幼树生长缓慢，侧根较为发达，抗有害气体能力较强且寿命长。喜深厚肥沃湿润的土壤，在深厚、湿润、肥沃、疏松的中性土、微酸性土和钙质土中生长迅速，在轻盐碱土中也能正常生长，在干燥瘠薄的砾质土和结构不良的黏土上生长不良，甚至呈小老树的病态。对土壤水分很敏感，忌地下水位过高，稍耐盐碱，在积水低洼和地下水位过高(0.5 m以下)的地方不能生长。耐烟尘、抗有害气体能力强，对二氧化硫、氯气等有毒气体有较强的抗性。

1.2 价值与用途

1.2.1 木材经济价值

楸树是我国珍贵的用材树种之一，在我国的木材生产中，素有"南檀北楸"之说。楸木以其纹理好、不变形、质柔韧、不易腐而成为我国北方生产的高档木材，居百木之首。楸树环孔材，早材窄，晚材宽，年轮清晰；心材中含有浸填体。木材密度 $0.617g/m^2$，相当于楠木、苦楝，高于核桃楸、黄菠椤的木材。楸木属阔叶树高级材种；抗拉强中等，小于栎类等硬材，大于杨、柳、榆类等软材种；抗弯强度极大超过多数针阔叶树种；抗冲击韧性较高，列阔叶树材之前茅。楸树木材具有许多构造上的特点和工艺上的优良特性。其树干直、节少、材性好；木材纹理通直、花纹美观、质地坚韧致密、坚固耐用、绝缘性能好、耐水湿、耐腐、不易虫蛀；加工容易、切面光滑、钉着力中等、油漆和胶粘力佳。楸树木材质地坚韧致密、细腻、软硬适中，具有不翘裂、不变形、易加工、易雕刻、绝缘性能好、纹理美观、不易虫蛀、容易干燥、耐磨、耐腐、隔潮、导音性能好等优点，是广泛应用于建筑、家具、造船、雕刻、乐器、工艺、军工、文化体育用品等方面的优质良材，被国家列为重要材种，专门用来加工高档商品和特种产品，也用于枪托、模型、船舶，还是人造板很好的贴面板和装饰材(张锦等，2003；李同立，2008；乔勇进等，2003；张锦，2004；郭明，2002；张绵，2003)。目前楸树木材奇缺，市场上木材售价高达6000元/m³，而且基本是有价无货。

1.2.2 园林观赏价值

楸树树形优美、枝干挺拔，花大而色淡红素雅，在叶、花、枝、果、树皮、冠形等方面独具风姿，具有较高的园林观赏价值和绿化效果，自古以来就广泛栽植于皇宫庭院、胜景名园之中，如北京的故宫、北海、颐和园、大觉寺等游览圣地和名寺古刹到处可见百年以上的古楸树苍劲挺拔的风姿。楸树叶被密毛、皮糙枝密，有利于隔音、减声、防噪、滞尘，对二氧化硫、氯气等有害气体有较强的抗性，能净化空气，是绿化城市、改善环境的优良树种。

1.2.3　食用及药用价值

楸叶含有丰富的营养成分，嫩叶可食，花可炒菜或提炼芳香油。明代鲍山《野菜博录》中记载："食法，采花炸熟，油盐调食。或晒干，炸食，炒食皆可。楸树也可用作饲料，宋代苏轼《格致粗谈》记述："桐楸二树，花叶饲猪，立即肥大，且易养。"

楸树叶、树皮、种子均为中草药，有收敛止血、祛湿止痛之效。"木白皮，气味苦，小寒无毒，主治吐逆，夺三虫及皮肤虫，煎膏粘敷恶疮疽瘘，痈肿疳痔；除脓血、生肌肤，长筋骨、消食，涩肠下气，治上气咳嗽，口吻生疮贴之，颇易取效"（本草纲目）。种子含有枸橼酸和碱盐，是治疗肾脏病、湿性腹膜炎、外肿性脚气病的良药。根、皮煮汤汁，外部涂洗治瘘疮及一切肿毒。果实味苦性凉，清热利尿，主治尿路结石、尿路感染、热毒疮廊，孕妇忌用。

1.2.4　生态价值

楸树对土壤适应广泛，能在石灰性土、轻度盐碱土、微酸性土、矿区复垦地等困难立地上生长。楸树根系发达，属深根性树种，主根不明显，侧根发达，5 年生楸树高 6.8 m，胸径 10 cm，主根深达 90 cm，根幅 1.3 m×1.5 m，大于桑树、刺槐、柽柳、香椿、白蜡等树种。因此，楸树固土防风能力强，且耐寒耐旱，是农田、铁路、公路、沟坎、河道防护的优良树种，在水土保持和生态防护方面具有良好的作用（张锦等，2003；郭明，2002）。此外，楸树树冠茂密，具有较强的消声、滞尘、吸毒能力，在村镇、厂矿、住宅、路旁广植楸树，可以净化空气，降低噪音。楸树根系发达，属深根性树种，对于防治水土流失、阻滞风蚀、固定沙丘、保护农田起到了很好的作用。

楸树 80% 以上的吸收根群集中在地表面 40 cm 以下的土层中，地表耕作层内须根很少，与农作物的根系基本错开，不会与农作物争水肥，加之树干高大，树冠狭窄，是胁地最轻的乔木树种之一，是较为理想的复合农林业建设树种和丰产性较强的用材树种（郭明，2002；杨燕，2008）。另外，楸树还较耐水湿，据试验，抗涝可达20天左右，耐积水10～15天，仍能正常生长。因此，楸树是很好的固堤护渠树种。

楸树在城镇绿化、通道建设、沿海防护林建设、低山丘陵低产林改造和新农村建设中发挥着越来越重要的作用。

1.2.5 病虫防治

楸树的主要病害有根瘤线虫病，虫害有楸梢螟、大青叶蝉，根据不同的病虫害采取不同的防治措施。针对根瘤线虫病，可将病圃深耕、灌水，把线虫翻入深层土窒息而死；用80%二溴氯丙烷乳剂进行土壤消毒，圃地每隔30 cm开沟，沟深15～20 cm，亩用药量1.5 kg，加水300倍稀释，浇在沟内，然后覆土耙平。楸梢螟，可结合秋剪，从枝条基部剪去带有虫瘿的枝条，集中烧毁；成虫出现时喷洒敌百虫或马拉松1000倍液，毒杀成虫和初孵幼虫。针对大青叶蝉，可喷洒20%扑虱灵可湿性颗粒1000倍液或48%乐斯本乳油3500倍液。

1.3 节水抗旱研究与意义

1.3.1 研究现状

目前，楸树研究工作主要开展在资源调查、保护、扦插、资源利用、嫁接、选育、提取物利用等方面。例如资源调查方面，安徽林业科学研究所（现安徽林业科学研究院）对境内的自然类型进行了调查，境内有7个自然类型；开展种质资源保护方面早在"七五""八五"期间河南、山东、江苏、安徽等楸树科研协作组对楸树种质资源的调查、收集、研究工作已取得了部分成果，选择优树和在册古树，根据资源状况，取原址系统进行了保存；七八十年代，江苏重点开展了楸树分类、杂交育种、扦插育苗、组织培养研究；山东致力于造林技术和速生丰产栽培、优良无性系测定等研究；河南楸树研究组曾在全国范围进行过种质资源调查，根据大量的标本和资料，将楸树组进行分析整理，并经有关专家认可，划分为21个种和类型。其中属于楸树的有楸树、金丝楸、槐皮楸、密枝楸、光叶楸、长叶楸、异叶楸(三裂楸)、长果楸、圆基长果楸、心叶楸、河南楸、南阳楸、梓楸 13 个种、类型;属于灰楸的有灰楸、滇楸、紫脉灰楸、白花灰楸、线灰楸、窄叶灰楸、密毛灰楸、细皮灰楸 8 个种和类型;河南林业科学研究院主要研究良种选育方面,该所选育的'豫楸 1 号''速生楸 1 号'等品种兼有园林绿化、珍贵优质用材及速生等优点,且适生范围广。

近年,扦插和资源利用方面有南京林业大学造林组彭方仁等(梁有旺等,2006;杨玉珍等,2006)进行的嫩枝、硬枝扦插实验,对楸树的各品种(类型)之间的抗旱性也有了深入研究(岑显超,2008),但对楸树无性系的相关研究尚未见任何相关报道。目前限制楸树速生丰产的主要因素有 5 个方面:① 楸树在长期的自然选择中,形成了生长缓慢的性状。只有选育良种,科学栽培和管理,才能变慢生为速生。② 没有做到"适地适树"是楸树生长缓慢的重要原因。在排水不畅、干旱瘠薄的地方,楸树生长不良,往往形成"小老树",甚至不能生存。③ 管理粗放或只造不管,缺乏经济投入和科技投入,是楸树生长不良的又一重要因素。④ 自然灾害的频频发生,是速生丰产的大敌。造成严重损失的有病虫害如楸梢螟、根瘤线虫病、桑白蚜以及风、涝、旱等自然灾害。⑤ 没有认真地选择、推广良种,长期处于良莠不分的状态,致使楸树速生丰产缺少良种保障。由此可见,楸树的基础研究还较为薄弱。生态适应性、抗性生理、光合生理、木材材性、种质资源鉴别等方面都需要深入系统地开展相关研究。

以前的研究多集中在种质资源收集及良种选育、无性繁殖试验、小面积栽培方面,且多为零星分散的研究,而对于无性系区域化试验、干形培育技术、水肥调控技术等则缺乏系统深入的研究。楸树是亚热带和暖温带的优良乡土树种,但目前楸树这一优良珍贵用材树种尚未发挥应有的作用,特别是在长江流域更未引起足够的重视,与杉木和松树的系统研究相比,楸树的研究显得极其不足。水分亏缺是一种最普遍的影响植物生产力的环境胁迫,由水分亏缺造成的损失在所有非生物胁迫中占首位。干旱胁迫对植物造成的影响是非常广泛而深刻的,它不仅表现在不同生长发育阶段,同时也表现在具体的生理生化过程中,如:光合作用、呼吸作用、离子的吸收运输、物质转化以及酶活性等，而且各种生理生化效应之间是相互联系的。因此，本书研究楸树无性系节水抗旱特性具有重要的理论价值和实际应用价值，可为在干旱条件下选择优良楸树无性系，营造楸树人工用材林提供理论依据。

1.3.2 研究意义

随着生态环境建设任务的加重、社会经济的发展和人们生活水平的提高，中国森林资源的需求出现结构性的变化，呈现出明显的两大需求趋势。一是"生态需求"，二是"经济需求"。由于森林在维持生态平衡、保护生物多样性、防止水土流失、防风固沙、减少环境污染、满足人类健康和精神需求方面的生态作用日益突出，我国对森林的"生态需求"正在受到全世界的关注（王玉玲，2000），森林资源的"经济需求"也一直居高不下。据专家预测，到2010年全国木材总需求量将达 4.4 亿~5.4 亿 m^3，实际总供给量约 4.5 亿，最大供需缺口将达 9000 万 m^3（刘道平，2000），中国已经成为世界木材资源消耗的主要进口国之一。传统的珍贵用材主要来源于天然林，但是随着天然林资源的锐减，单纯依靠天然林提供珍贵用材已远远不能满足需求，尤其是 1998 年全面开始实施天然林保护工程以来，大量削减木材供应量，木材供需矛盾更加突出，人工培育珍贵用材树种已显得极为迫切。

在干旱、半干旱地区，水分是植物赖以生存和生长的重要限制因子。据统计，世界干旱、半干旱区占陆地面积的 33%，而其他非干旱地区植物在生长季节也常发生不同程度的干旱（黎祜琛等，2003）。干旱胁迫作为植物逆境最普遍的形式，也是影响植物分布、生长和产量的主要限制因素，全世界由于干旱造成的减产是由盐碱、低温等其他因素造成减产的总和（马双燕等，2003）。植物在水分亏缺的干旱环境中，会产生一系列的生理生化反应，以减轻或避免缺水对细胞的伤害，但是不同树种对干旱的响应有不同的特点和规律性，这就造成了物种之间抗旱性的差异。植物的抗旱性是一种复合性状，是植物根系及地上部分的形态解剖构造、水分生理特征及生理生化反应到组织细胞、光合器官及原生质结构特点等综合因素作用的结果（Larcher，1983）。关于植物适应和抵抗干旱胁迫机理的问题首先由 Levitt（1980）提出，后经 Tumer（1983）和 Kramer（1983）等人的不断完善，目前已经形成了较为系统的看法。植物的抗旱机理大致可分为避旱性、高水势下的耐旱性（延迟脱水）、低水势下的耐旱性（忍耐脱水）3 类（Cline et al.，1976；Schulte et al.，1983；戴建良，1996；杨敏生等，1997；肖冬梅等，2004）。第 1 类主要是一年生草本植物，它们通过在干旱胁迫来临之前完成其生命过程，为避旱型。后两类主要是多年生木本植物，其中一类通过增加渗透调节能力（包括增加细胞内可溶性物质、减少细胞体积和含水量等）和增加细胞壁弹性来限制水分的损失，保持水分吸收和减少细胞机械损伤来延迟脱水的发生；另一类是在持续干旱的条件下忍耐组织一定程度的脱水，即在低水势下保持一定的膨压和代谢以及脱水情况下细胞原生质基本无伤害。

　　植物的抗旱性并不是单一方式的结果，它是由多种抗旱途径或方式共同作用下产生的。在连续干旱的条件下，植物最终的耐旱能力决定于细胞原生质的耐脱水能力，即对脱水造成的机械伤害、超微结构的破坏及蛋白质变性等伤害的忍耐能力。以往对植物抗旱性的研究主要集中在两个方面，一方面是从形态结构上研究不同物种抗旱性的差异，包括形态测定和解剖构造的研究；另一方面是通过测定植物生理生化指标的变化规律来阐明其对植物抗旱性的指示作用，这些指标包括：水分特征、光合特性、酶活性及原生质特性、渗透调节、内源激素等（尹春英等，2003）。近年来在木质部空穴和栓塞、树木的抗旱基因与遗传等方面也取得一定的成就（Hacke et al.，2001；David et al.，2004；Frangne et al.，2001 ；Cregg et al.，2001；Yin，2005）。干旱胁迫下植物形态、生理生化的研究是明确干旱胁迫机制的基础，而干旱胁迫下植物分子水平上的基因表达则有助于我们通过分子抗性育种来解决问题。除此之外，林木地下部分根系生长与水分的关系也是国内外关注的焦点，土壤水分过多或缺乏都会限制根系的生长发育及其功能的发挥（赵垦田，2000）。

　　本书通过研究不同楸树无性系幼苗在不同水分供应情况下的生长、生理和耗水特性，探索不同楸树无性系的形态和生理差异以及楸树苗木在干旱胁迫过程中的生理响应、蒸腾耗水规律；通过研究不同立地条件下楸树无性系的生长规律、生理生态特性，全面了解楸树不同无性系的生长表现、营养吸收的特点，同时结合分析叶解剖构造，筛选出适宜栽培的楸树优良无性系，为在水分条件较差的

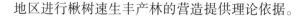

地区进行楸树速生丰产林的营造提供理论依据。

1.4　研究材料与方法

1.4.1　研究材料

本书主要从田间人工试验林和盆栽苗木两个方面入手开展研究，试验材料包括楸树无性系试验林和盆栽无性系苗木。

1.4.1.1　楸树无性系人工试验林

本书选用 2006 年造林的 29 个楸树杂无性系试验林，包括 19 个新选杂种无性系和其他各类对照无性系 10 个，具体试验点基本情况见表 1-1。

表 1-1　2006 年营造的楸树无性系试验林基本情况

造林地点	造林密度	造林设计	供试无性系
河南洛阳	2 m×2m	随机完全区组设计 4 株小区 4 次重复	6523、001 -1、002 -1、004 -1、008 -1、01、011 -1、013 -1、015 -1、02、038、7080、1 -1、1 -2、1 -3、1 -4、2 -1、2 -2、2 -6、2 -7、2 -8、9 -1、9 -2、大叶、光叶、灰3、洛灰、线灰、小叶
河南南阳	2 m×2m		
甘肃小陇山	1.5 m×2m		

河南洛阳：试验地位于河南省洛阳市洛龙区白马寺镇三里桥村，经度 112°42′~112°44′，纬度 34°41′~34°43′，造林前为农耕地，交通便利，地势平坦，土壤为沙壤土，肥力中等，pH 值 7.5，海拔150m，年平均降水量 600mm，年平均气温 14.5℃，无霜期 238d。

河南南阳：试验地社旗县位于河南省西南部、南阳盆地的东北部边缘，地处东经 112°46′~113°11′、北纬 32°47′~33°09′之间。属大陆性季风型气候，年平均气温在 14.6℃ 左右，年平均降水量841.4mm，主要集中在 6~8 月份，无霜期 226 天。

甘肃小陇山：试验地小陇山林业实验局林业科学研究所位于秦岭北坡，渭河支流川台区，地理纬度 105°54′37″E、34°28′50″N，平均海拔 1160 m。年降水量 600~800mm，年均蒸发量 1290.0 mm，年均气温 10.7℃，≥10℃年积温 3359.0℃，极端高温 39℃，极端低温 −19.2℃。无霜期约 190 d。土壤中性偏碱，pH 值 7.2。

1.4.1.2 楸树无性系盆栽苗木

选择来源甘肃小陇山林业科学研究所的 3 个楸树无性系(*Catalpa bungei* Clones)组培苗(1 – 4、7080、015 – 1)进行试验。2011 年 3 月采用 30cm×45cm 的花盆上盆进行盆栽,每个楸树无性系上盆 20 盆,培养过程中对该树种进行正常浇水管理。盆栽土壤成分为 2 泥炭:7 森林土:1 鸡粪,土壤容重(0.86 ±0.04)g/cm³,田间持水量(53.82 ±0.05)%。待苗木恢复生长后,于 2011 年 7 月进行人工模拟干旱胁迫下的苗木耗水试验。干旱胁迫前苗木生长基本情况见表 1-2。

表 1-2　进行水分胁迫试验的楸树无性系苗木生长情况

无性系	苗高(cm)	地径(mm)	叶面积(cm²)
1 – 4	138. 20 ± 10. 06	14. 10 ± 1. 38	9600. 69 ± 1486. 15
7080	119. 99 ± 7. 05	12. 66 ± 1. 07	10455. 90 ± 616. 34
015 – 1	110. 11 ± 11. 52	12. 37 ± 1. 57	11167. 13 ± 732. 80

1.4.2　研究方法

1.4.2.1　楸树无性系人工试验林

本书的楸树无性系人工试验林主要开展了叶片解剖结构、叶片气孔分布、林分生长、光合生理、叶片稳定性碳同位素组成、土壤理化性质等方面的测定。

(1)叶片解剖结构(石蜡切片)。

a. 取样和固定。2011 年 9 月上旬对 29 个无性系,每个无性系 3 株,取树冠中上部南向枝条上的功能叶进行测定。取样时间为晴天的上午 9:00 至 11:30,便于观察气孔结构。具体为用刀片取每个叶片的中部各 2 份,大小不超过 0. 5cm×1cm,分部位放入小瓶中保存(材料要新鲜,动作要迅速,刀片要锋利)。将已切好的材料尽快地浸入相当于材料 10 ~ 15 倍体积的固定液(FAA)中,材料固定完毕,保存于加盖的容器内,抽气,贴上标签。一般固定时间不低于 24 h。

FAA 固定液配方:福尔马林(38% 甲醛)5 ml、冰醋酸 5ml、70% 酒精 90 ml。另外加入 5 ml 甘油(丙三醇)以防蒸发和材料变硬。

b. 脱水与硬化。样品依次经过 70% (4 次,每次 15min)→85% (1h)→95% (1h)→100% (2 次,每次 1h)酒精梯度逐级脱水。在高浓度酒精中，脱水时间不能过久，容易引起样品硬化变脆，切片时易粉碎。

c. 透明。样品经 1/2 无水乙醇 + l/2 二甲苯（1.5h）→纯二甲苯（2 次，每次 1h），通过增加二甲苯的比例，进行逐级透明。根据材料大小及木质化程度可适当延长在纯二甲苯中的停留时间。

d. 浸蜡。在样品中放入石蜡碎屑（熔点 58~60℃），然后加入同体积的纯二甲苯，在 40℃恒温烘箱中浸蜡一昼夜。然后第二天放入 60℃烘箱中 15min，石蜡完全融化后换老蜡（经多次融化过滤的石蜡），继续放在 60℃温箱中保温浸蜡 2h，重复浸蜡 1 次。

e. 包埋。浸蜡结束后，将液态蜡倒入事先折好的小纸盒中，马上用镊子将材料轻轻移入纸盒中，依所要切的方向，妥善排列，用口在蜡面上吹气，促其凝结。待蜡面凝成薄层时，再以两手平持纸盒，移至冷水中迅速冷却，使材料的轴性系统与纸盒底部垂直，以便于修蜡块做材料横切面的观察。冷凝后，将纸撕去获得蜡块。

f. 切片。根据蜡块中样品的位置和方向，将蜡块修成梯形，然后黏到木制方块上，在切片机的蜡台上进行切片。本试验用旋转式手摇切片机 LEICA RM2126，切片厚度 8~9μm 左右。

g. 黏片及展片。在洁净的载玻片上均匀涂抹少许明胶（粘贴剂）后加 1~2 滴蒸馏水。将蜡带整齐排列于载玻片上，使蜡带光面紧贴载玻片，放在 40℃恒温展片台（LebTech EH20B）上至少展片 3h。也可放置在 40℃烘箱中烘干 1h。

h. 脱蜡。待蜡带展平后，样品依次经过纯二甲苯（2 次，每次 20min）→1/2 无水乙醇 + l/2 二甲苯（3min）→无水乙醇（3min）→95% 酒精（3min）→85% 酒精（3min），逐步脱蜡后，才能染色。

i. 染色。番红—固绿染色法：1% 的番红（用 75% 酒精配制），0.5% 的固绿（用 95% 的酒精配制）。染色步骤如下：番红染液（24h）→水洗（1min 以内，去除多余染料）→70% 酒精（3s）→85% 酒精（3s）→95% 酒精（3s）→固绿染液（3s）→无水乙醇（2 次，每次 3min）→1/2 无水乙醇 + l/2 二甲苯（3min）→纯二甲苯（2 次，每次 3min）。

j. 封片及观察。染色结束后用中性树胶封片，将切片放在 40℃温箱中烘干。数日后在 OLYMPUS DP72 显微镜下进行切片观察和拍照。观测指标有：叶片总厚度、上下表皮厚度、角质层厚度、栅栏组织厚度、海绵组织厚度、栅栏组织/海绵组织等。每个视野重复

30 次。

(2)气孔分布的取样和测定(表皮离析法)。

a. 取样和固定。2011 年 9 月上旬对 29 个无性系,每个无性系 3 株,取树冠中上部南向枝条上的功能叶进行测定。采样方法与叶解剖结构相同并用 FAA 固定液固定。

b. 离析。用清水取代 FAA 固定液,水洗 2～3 次后,加入离析液,在 60℃恒温烘箱内放 6～12 h。离析液为体积比 1:1 的 30% 过氧化氢和冰醋酸的混合液。

c. 水洗和分离。待叶片颜色变白,叶肉组织和表皮细胞分离后,把样品取出,经蒸馏水冲洗 2～3 次,用毛笔轻轻扫除叶肉细胞,然后进行上、下表皮剥离。

d. 染色。在载玻片上滴 1 滴蒸馏水,将剥离好的上、下表皮放入展平,将水吸去,用 1% 番红染色 5～10min。

e. 脱水及透明。样品依次经 70%→85%→95%→100% 酒精梯度逐级脱水,每个梯度脱水 1min。后经 1/2 无水乙醇 + 1/2 二甲苯(3min)→纯二甲苯(2 次,每次 3min)。

f. 封片及观察。用制成中性树胶永久制片并放入 40℃温箱中烘干数日,在 OLYMPUS DP72 显微镜下进行切片观察和拍照。观测指标有气孔长度、宽度、气孔密度等。每个视野重复 30 次(孙同兴等,2009;洪亚平等,2002)。

(3)林分生长调查。从 2006 年造林开始至 2011 年年底,连年对试验林于林木高生长停止后(约 10 月初)进行全面调查,调查指标为树高和胸径,其中连年生长量用 2011 年生长数据减去 2006 年造林数据后,再除以年数计算得出。

(4)光合生理指标。2011 年 5 月下旬对甘肃试验林进行测定,每个无性系选择 3 株平均木,用 Li－6400 便携式光合作用分析系统(美国)于上午 9：00～11：00 进行离体取样测定。剪取树冠南向中上部一年生枝条上的功能叶片 2～3 片。

(5)稳定性碳同位素组成。2011 年 5 月下旬对 3 个地区试验林无性系,每个无性系选取 3 株平均木,每株分内部和外侧分别取上部、中部和下部的一年生枝条上的功能叶片,混合为一个样品放入烘箱,经 105℃杀青 1 h 后 70 ℃烘至衡重,研磨、过 100 目筛,送至中国科学院植物研究所(北京)碳同位素分析室进行测定。工具:

高枝剪、天平、信封若干、订书机、粉碎机、烘箱、100目筛。

(6)土壤理化性质测定。对3块试验林于2011年5月下旬,每个试验地采用5点取样法(即在林地四个角和中心点共5处)分0~20cm和20~40cm两个层次进行取样,进行土壤物理性状(容重、含水量、质地、毛管和非毛管孔隙度)的测定。之后将5个点的土壤进行分层混合(代表一个林地不同层次的土壤状况),风干过筛后进行土壤化学元素(有机质、pH值、大量元素)的测定。

土壤物理性质:母岩、土壤自然含水量(烘干法);土壤容重(环刀法);土壤毛管持水量(环刀法);土壤孔隙性(环刀法);土壤最大吸湿水(105℃恒温烘干法)。

土壤化学性质包括pH值、有机质、大量元素(全N、全P、全K、水解性N、速效P、速效K)、中量元素和微量元素(有效Cu、有效Zn、有效Fe、有效Mo、有效Ca、有效Mg、有效B、有效S)共16项(在华南农业大学资源与环境学院土壤测试中心测定)。

(7)土壤温度年度测定。于2011年5月下旬取土的同时在3个地点将3620WD土壤温度测定仪埋在试验地中,具体为在样地4个角和中心各选一个点,进行土壤取样后埋设在土壤剖面深度为20cm处。数据记录设定为每2个小时测定一次,连续测定5个月。工具:3620WD土壤温度测定仪15个。

1.4.2.2 楸树无性系盆栽试验

本书楸树无性系盆栽试验主要开展了干旱胁迫下的苗木生长、水分生理、耗水特性、气体交换及光合生理、水分利用效率、渗透调节与酶活性等方面的研究。

干旱胁迫处理:对供试苗木进行正常浇水管理,选择典型晴天测定苗木正常生长状态下的生理生化指标,其中有关耗水和光合生理的指标要测定3次。然后用塑料薄膜进行封盆自然干旱胁迫处理(从苗木根茎处覆盖整个表面,并密封花盆底部,以防止水分的散失)。选择典型晴天于不同干旱胁迫时期对苗木生长、耗水特性、生理生化相关指标、土壤水分状况及环境因子进行测定,直至苗木光合接近零。每个指标3次重复。

(1)土壤含水量。用高精度EM50土壤水分测定仪在土深5~6cm处测定,得到体积含水率,根据土壤容重,经换算得到重量含水率。与耗水同步测定。

（2）叶水势。选取另外 3 盆，苗木浇透水之后测定一次作为正常水分时期的对照值，其余在不同干旱胁迫时期分别测定一次。采用 ARIMAD3000 植物压力室（30bar）测定仪，于黎明前用叶柄来测定叶水势。

（3）生长与根系特征。于不同干旱胁迫时期对苗木地上、地下部分的生物量及根冠比进行测定，并研究了根系特征值在干旱胁迫下的变化情况。具体测定指标如下：

每个无性系选取 3 盆正常生长的苗木，取地上部分茎、叶置于 80 ℃烘箱烘至衡重；根系部分用 + LA － S 型多功能植物图像分析系统扫描后，也烘至衡重。另在苗木光合接近零值时，每个无性系选取 6 盆苗木，根、茎、叶的处理方法同上。根系样品处理的具体步骤为：取样和保存→清洗→剪根→压根→扫描→收集。

（4）苗木耗水特性。选择典型晴天连续称盆 2d，每天上午 8：00 时到晚上 20：00 时，每隔 2 h 进行。具体指标如下：

a. 耗水量和耗水速率：用 SP － 30 电子天平（美国，精度 1/10000，量程 1 ~ 30kg）称重测定计算整株苗木的耗水量。耗水量除以叶面积得到耗水速率。

b. 整株叶面积：于耗水测定之前进行测定，具体为将叶片分级，每级记录叶片数量，并找出典型叶片用拍照法得出叶面积，整株叶面积以每级分级叶片数×每级叶面积再求和计算。

（5）净光合速率、蒸腾速率与水分利用效率。用 Li － 6400 便携式光合作用分析系统（美国）于晴天上午 9：00 ~ 11：30 进行无性系苗木光合生理指标的测定。测定过程中使用 LI － 6400 － 2B 红蓝光源，光强设置为 1200 $\mu mol/(m^2 \cdot s)$，叶温设定为 30 ~ 35 ℃，相对湿度 60% 左右，大气 CO_2 浓度 400 $\mu mol/mol$。具体包括：叶片的净光合速率（Pn）、蒸腾速率（Tr）、胞间 CO_2 浓度（Ci）和气孔导度（Cond）等指标，瞬时水分利用效率（WUE）为 Pn 与 Tr 的比值。

（6）叶绿素荧光。选择功能叶晚上 12：00 以后用 Mini － PAM 测定叶绿素荧光参数。与叶水势同步测定。具体指标包括：初始荧光（Fo）、最大荧光产量（Fm）、可变荧光（Fv）、PSⅡ最大光化学量子产量（Fv/Fm），PSⅡ潜在活性指标（Fv/Fo），并计算 qP（光化学淬灭系数）和 qN（非光化学淬灭系数）。

（7）叶绿素含量。在光合作用测定同时，用 SPAD 测定叶片叶绿素含量。

(8)可溶性糖含量。采用蒽酮—硫酸法测定不同梯度楸树无性系可溶性糖含量。称取烘干样 0.1g 磨碎(鲜样 0.5~1g),置于 10ml 离心管中,加 4ml 80% 乙醇,置 80℃ 水浴中浸取 30min(不时搅拌);取出冷却,3500g 离心 5min,收集上清液;其残渣加 2ml 80% 乙醇重复提取 2 次(各 10 min),冷却离心,合并上清液;用蒸馏水定容50ml,得到可溶性糖提取液 A。取 1ml A 液于离心管中,加入 1ml水,加入 5ml 蒽酮,并从蒽酮加入计时,摇匀 10s 后置沸水浴中加热 3.5 分钟,取出立即在冷水或冰水中摇匀迅速冷却以停止反应。在 620nm 处测光密度,从标准曲线上查出被测样品液中可溶性糖的含量。

$$可溶性糖(\%) = G \times n \times 100/(W \times 10^6)$$

公式中:G——根据葡萄糖标准曲线查得的糖含量(μg);

N——稀释倍数;

W——称取得样品重(g FW)。

(9)游离脯氨酸(Pro)。

a. 提取脯氨酸:称取植物叶片 1.000g,剪碎,加入适量 80% 乙醇,少量石英砂,与研钵中研磨成浆,全部转移到 25ml 刻度试管中,用 80% 乙醇洗研钵,蒋洗液移入相应的刻度试管中,最后用80% 乙醇定容至刻度,混匀,80℃ 水浴中提取 20min。

b. 除去干扰的氨基酸:向提取液中加入 0.4g 的人造沸石和0.2g 活性炭,强烈振荡 5min 过滤,滤液备用。

吸取 1ml 提取液于带玻塞试管中(1ml 80% 乙醇做对照),加入2ml 冰醋酸及 2ml 2.5 % 酸性茚三酮试剂,在沸水浴中加热 15min,取出冷却,用分光光度计测定 520nm 的光密度值,从标准曲线上查出被测样品液中脯氨酸的含量。

$$脯氨酸含量(\mu g/g\ Fw) = (A \times V_1)/(V_2 \times W)$$

公式中:A——从标准曲线中查得的脯氨酸含量(μg);

V_1——提取液总体积(ml);

V_2——为测定液体积(ml);

W——为样品质量(g FW)。

(10)可溶性蛋白。酶提取液:称样、研磨:称取 0.500g 鲜样,加入 1ml 0.05mol/LpH 7.8 的磷酸缓冲液在冰浴研磨成匀浆(可加入少量石英砂)，加缓冲溶液使最终体积为5ml。转移到10ml刻度离心管中，于10000r/min(10000g)冷冻离心(0~4℃)20min，提取上清液转移至10ml离心管中，冷藏保存。

采用考马斯亮蓝G-250染色法。吸取提取液0.40ml，加入0.60ml蒸馏水(对照加1ml蒸馏水)，分别置入具塞刻度试管中，各加入5ml考马斯亮蓝G-250溶液后充分混合，放置5min在595nm下测其吸光值，并通过标准曲线查得蛋白质含量。

$$蛋白质含量(mg/g) = (A \times V_1)/(W \times V_2)$$

公式中：A——从标准曲线上查得的蛋白质含量(μg)；

$\qquad V_1$——提取液总体积(ml)；

$\qquad V_2$——测定时取用提取液体积(ml)；

$\qquad W$——样品质量(g FW)。

(11)SOD(超氧化物歧化酶)。取试管(要求透明度好)N+2支，N表示测定样品数，另2只为对照管。分别加入1.6ml 0.05mol/L pH 7.8的磷酸缓冲液，0.3ml 130mmol/L Met溶液，0.3ml 750 μmol/L NBT溶液，0.3ml 100 μmol/L EDTA-Na2液，0.3ml 20 μmol/L核黄素，以及0.2ml酶提取液，使总体积为3ml。2支对照试管以缓冲液代替酶液，混匀后将1支对照置于暗处，其他各管于4000lx日光下反应20min(要求各管受光均匀，温度高时间缩短，温度低时间延长)。反应结束后离心5min，吸取上清液测定。以不照光的对照管作空白，分别测定其他各管在560nm下的吸光值。

已知SOD活性单位以抑制NBT光化还原的50%为一个酶活性单位表示，按下式计算SOD活性：

$$SOD_{总活性} = \frac{(A_{CK} - A_E) \times V}{0.5A_{CK} \times W \times V_t}$$

$$SOD_{比活力} = \frac{SOD总活力}{蛋白质含量}$$

$SOD_{总活性}$以鲜重酶单位每克表示；$SOD_{比活力}$单位以酶单位每毫克蛋白表示；A_{CK}为照光对照管的吸光度；A_E为样品管的吸光度；V为样品液总体积(ml)；V_t为测定时样品用量(ml)；W为样鲜重(g)；蛋白质含量单位为mg/g。

(12)POD(过氧化物酶)。采用终止反应。每个试管或离心管加入2.9ml 0.05mol/L磷酸缓冲液(pH=6.0)，1.0ml 0.05mol/L愈创木酚，然后加入 0.1ml 酶液（对照为反应液加入 0.1ml 0.05mol/LpH7.8 的磷酸缓冲液）。然后加入 1.0ml 2% H_2O_2，立即于 37℃水浴 15min，马上冰浴，再加入 2ml 20% TCA，在 470nm 波长下测吸光度值。

以每分钟内 A_{470} 变化 0.01 为 1 个过氧化物酶活性（u），按照下式计算：

$$过氧化物酶活性[mg/(mg \cdot min)] = \frac{\Delta A_{470} \times V_T}{W \times V_S \times 0.01 \times t \times 可溶性蛋白}$$

式中：A_{470}——反应时间内吸光度的变化；

W——样品鲜重（g）；

t——反应时间（min）；

V_T——提取酶液总体积（ml）；

V_S——测定取用酶液体积（ml）。

1.4.3　数据处理

采用 Excel 对数据进行常规分析；采用 SAS 9.0 对数据进行 ANOVA 方差分析和 DUNCAN 多重比较；采用 SAS 9.0 中的主成分分析法对测定指标进行分析和筛选，选择对主成分累积贡献率达85%以上的指标；采用 SAS 9.0 中的聚类分析法对每个测定指标进行聚类。

2 楸树无性系叶片解剖结构特征

　　叶片是高等植物进行光合作用的重要器官，也是植物进行气体交换，水分蒸腾和运输的门户，其形态结构特征直接影响到植物的生理活动和生态功能。叶片与自然环境的关系极为密切，对环境因子的变化最为敏感，在长期不同的环境条件下，可形成不同的形态构造以适应各种环境，具有较大的变异性和可塑性。通常情况下，叶表皮微形态特征比较稳定，具有明显的种属特异性（逯永满等，2010）。研究表明，叶表皮特征和解剖结构已被广泛应用于系统分类学的研究和种属间亲缘关系的确定（洪亚平等，2001；Kong，2001；陆嘉惠等，2005；钟义等，2010），并与植物的抗旱性呈一定的相关性（燕玲等，2002；李晓储等，2006；朱栗琼等，2007）。叶片也是植物对干旱胁迫最敏感的器官，尤其是其解剖结构，是评价植物抗旱的重要指标。一般来说，旱生植物的机械组织通常较为发达，表皮往往有多层细胞，角质层发达，表皮毛密集分布及气孔下陷等以减少水分散失（李春阳等，1998）。抗旱性较强的植物，其叶片厚度大、栅栏组织发达、栅栏组织与海绵组织比值高、角质层及上皮层厚、气孔下陷、表皮毛发达。植物通过保持一个较小的总叶面积来使单位叶面积的光合作用维持在一定水平，是植物适应土壤水分减少的一种重要方式（Tuner，1979；孙宪芝等，2007）。Donselman 等（1982）研究表明，在干旱情况下，植物会产生较粗的叶脉、较小的表皮细胞、较多的叶毛以及较厚的角质层以增强其保水能力，因此在沙地中生长的灌木长期以来已形成了一套抵御干旱的形态机制。植物叶片解剖构造对于干旱环境的适应采取了上述种种对策，但并

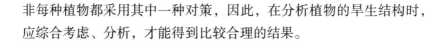

非每种植物都采用其中一种对策，因此，在分析植物的旱生结构时，应综合考虑、分析，才能得到比较合理的结果。

2.1　叶片横切面特征

楸树 29 个无性系叶片的平均厚度为 171.61μm（图 2-1 和表 2-1），变化范围从 117.52~257.49μm，各无性系之间存在极显著差异（$P<0.01$），无性系小叶、008－1、7080、大叶和 6523 的叶片厚度均超过 200μm，相对较厚，叶片厚度相对较小的为无性系 02、洛灰、011－1、1－2 和灰 3，其中无性系灰 3 的叶片厚度仅为 117.52 ± 2.38μm，是无性系小叶叶片厚度的 45.64%。叶上表皮细胞壁外附有一层 1.29~4.81μm 的角质层，是一层不透水的脂肪性物质，主要起保护作用，其平均厚度为 2.65μm，无性系 6523 的角质层最厚（4.81±0.45μm），其次是无性系小叶（4.74±0.54μm）、013－1（3.51±0.34μm）、光叶（3.49±0.68μm）、008－1（3.25±0.55μm）、038（3.18±0.50μm）及线灰（3.14±0.30μm），显著高于无性系 002－1（1.29±0.33μm）、灰 3（1.71±0.08μm）、01（1.87±0.18μm）和 1－2（1.91±0.18μm）（$P<0.01$），无性系 6523 是无性系 002－1 的 3.73 倍，下表皮外无角质层。

楸树无性系的上下表皮均由一层细胞构成，细胞排列紧密且无间隙。上表皮的平均厚度为 15.10μm，细胞较厚，下表皮的平均厚度为 11.06μm，相对较薄，无性系上下表皮厚度之间存在极显著差异（$P<0.01$）。表皮细胞具有保护和贮水的双重作用，在一定程度上说明了叶片控制失水的能力。控制水分能力较强的无性系其表皮细胞相对较厚。在 29 个无性系中，无性系 2－7、线灰、7080 和大叶的上表皮较厚，均超过 17μm，无性系 6523、011－1、004－1 和光叶的上表皮较薄，不超过 13μm，其中无性系 6523 的上表皮厚度为 10.63±0.64μm，仅为无性系 2－7 的 59.59%。下表皮方面，洛灰的下表皮最薄，为 9.00±0.33μm，其次是无性系 02、2－7 和 2－1，均小于 10μm，小叶的下表皮最厚，为 13.62±0.65μm，其次是无性系 004－1、01、光叶、线灰和大叶，均大于 12μm。除无性系 004－1、光叶、6523 和 011－1 的上下表皮厚度极为接近之外，其余无性系的上表皮厚度均大于下表皮厚度。

楸树无性系为典型的异面叶，上叶面叶肉细胞为柱状细胞，呈紧密垂直状排列，绿色较深，叶绿体含量较高，形成光合作用效率很高的栅栏组织。而下叶面叶肉细胞形状不规则，分布松散，有些细胞呈游离状态，胞间隙发达，绿色较浅，叶绿体含量较低，形成光合作用效率较低的海绵组织。在 29 个无性系中，无性系小叶的栅栏组织最厚（117.84 ± 2.85μm），其次是无性系 7080（91.62 ± 4.13μm）、008 – 1（91.09 ± 4.36μm）、6523（84.32 ± 2.57μm）和 002 – 1（81.04 ± 2.62μm），无性系灰 3 的栅栏组织最薄（37.90 ± 2.04μm），约是无性系小叶的 1/3，1 – 2、洛灰、02 和 011 – 1 的栅栏组织也较薄，远低于平均值 67.78μm，可以看出各无性系栅栏组织厚度间存在极显著差异（P < 0.01）。各无性系海绵组织厚度之间也存在极显著差异（P < 0.01），从小到大依次为无性系灰 3 < 011 – 1 < 1 – 2 < 洛灰 < 9 – 2 < 2 – 2 < 02 < 2 – 7 < 1 – 1 < 01 < 线灰 < 9 – 1 < 1 – 3 < 2 – 1 < 001 – 1 < 004 – 1 < 038 < 015 – 1 < 002 – 1 < 1 – 4 < 2 – 8 < 2 – 6 < 6523 < 光叶 < 大叶 < 7080 < 013 – 1 < 008 – 1 < 小叶，最大值（117.84 ± 2.85μm）是最小值（106.77 ± 2.80μm）的 2.02 倍。叶肉中的栅栏组织与海绵组织的比值也是评价植物抗旱性的重要指标之一，29 个楸树无性系的平均栅海比为 0.90，最小的是无性系 2 – 6（0.67），其次是无性系 1 – 2（0.68）、02（0.69）、洛灰（0.71）、灰 3（0.72）、013 – 1（0.79），明显小于无性系 2 – 2（1.14）、小叶（1.10）、002 – 1（1.08）、线灰（1.03）、7080（1.02）、2 – 1（1.02），无性系 2 – 2 的栅海比是无性系 2 – 6 的 1.70 倍。

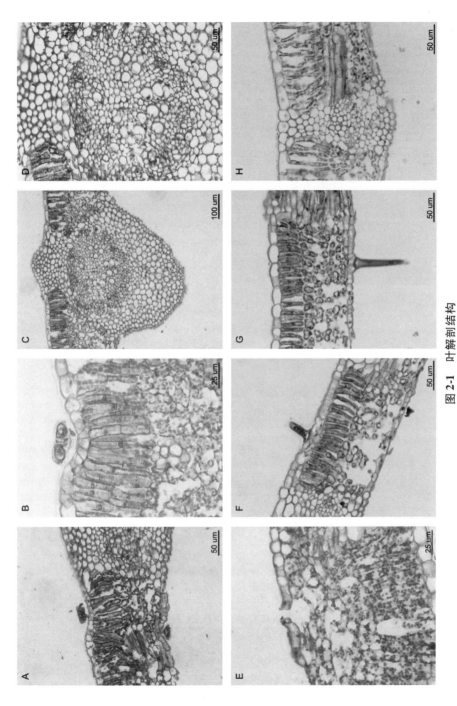

图 2-1 叶解剖结构

A. 下表皮腺毛;B. 上表皮腺毛;C. 叶脉;D. 维管束横切面;E. 气孔;F. 上表皮表皮毛;G. 下表皮表皮毛;H. 维管束纵切面(螺纹导管)

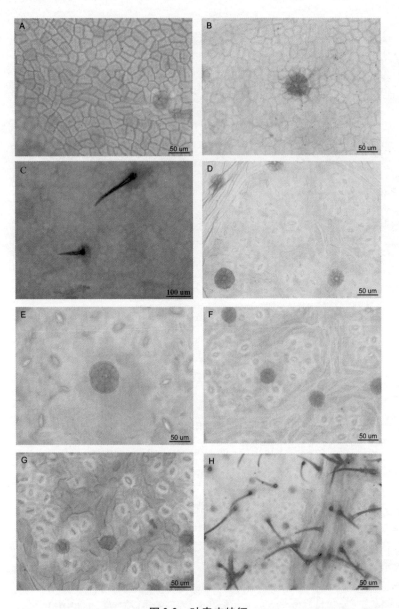

图 2-2　叶表皮特征

A. 上表皮；B. 上表皮腺毛；C. 上表皮表皮毛；D. 下表皮；E. 下表皮腺毛；
F. 叶脉上的腺毛；G. 下表皮气孔；H. 下表皮表皮毛

2.2　叶片气孔分布特征

叶片上控制蒸腾耗水的主要器官是气孔，气孔的大小、密度和结构可以作为研究植物起源、进化和分类的重要指标（李润唐等，2004；姚兆华等，2007；李茂松等，2008）。楸树无性系的气孔均匀分布于下表皮，上表皮无气孔，气孔结构简单，无副卫细胞，仅由保卫细胞组成。气孔长度在 $14.96 \sim 20.56 \mu m$ 之间，平均 $17.86 \mu m$，其中光叶的气孔长度（$20.56 \pm 0.71 \mu m$）是 011 – 1（$14.96 \pm 0.66 \mu m$）的 1.37 倍，无性系气孔长度之间存在极显著差异（$P < 0.01$）（图 2-2）。29 个无性系的气孔宽度也存在显著性差异（$P < 0.01$），无性系 013 – 1、2 – 6、001 – 1、灰 3、002 – 1 的气孔宽度较小，分别比平均宽度 $5.69 \mu m$ 少 11.95%、10.72%、10.02%、9.84% 和 8.96%，而无性系 9 – 1、008 – 1、洛灰、2 – 8 的气孔宽度分别比平均宽度多 22.67%、20.56%、12.65% 和 11.42%，其气孔宽度较大。楸树无性系的平均气孔密度为 364.29 个/mm^2，变化范围从 283.20 ~ 570.42 个/mm^2，气孔密度较大的无性系是 1 – 3、011 – 1、小叶、038、2 – 6 和 9 – 1，气孔密度均超过 400 个/mm^2，气孔密度相对较小的无性系是 2 – 7、9 – 2、002 – 1、2 – 1 和线灰，气孔密度远低于平均值，其中无性系 2 – 7 的气孔密度约是无性系 1 – 3 的 1/2。

从叶片横切面和表皮切片上还可以看出，楸树无性系叶脉为网状脉，主脉发达，环绕叶脉的表皮细胞数量多且小，排列紧密整齐。楸树无性系的叶片维管束横切面与梓树叶片相似，具有异常维管束（闫桂华，2011），主要由两部分组成：一部分是由多束维管束排列形成的近圆形结构，导管较发达，位于叶背面（远轴面）；另一部分是由三簇维管束组成，位于叶正面（近轴面）；纵切面为环状的螺纹导管。叶片具有发达的网状叶脉和较多的维管束可增强水分的传输效率，是楸树对干旱胁迫的一种响应方式。29 个无性系的叶片上表皮细胞为不规则多边形，下表皮细胞多为长条形，上下表皮及叶脉处均具有盘状的多细胞腺毛。其中无性系 1 – 1、1 – 4、2 – 8、9 – 2、灰 3、洛灰和线灰等 7 个无性系的上下表皮还分布有大量的表皮毛，并且无性系 1 – 4 和 2 – 8 叶脉处的表皮毛较多，其他无性系的表皮不具备表皮毛。

综合叶解剖特征和表皮形态来看，29 个无性系的不同指标得到的排列顺序均有差异。一般认为气孔较小密度较大的植物在干旱条件下能减少水分散失，但也有研究结果显示，气孔密度并不随干旱程度的加剧而一直升高（张晓艳等；2003），气孔调节受其他生理活动的影响（朱栗琼等，2007），由于对气孔密度的观点并不一致，为了综合评判各无性系叶片旱生构造的优劣，对以上除气孔密度以外的 9 个叶片特征进行主成分分析，结果发现前 2 个主成分就可以反映原始数据信息的 99.32%。根据特征向量可得到第一和第二主成分方程：$y_1 = 0.8259x_1 + 0.0137x_2 + 0.0086x_3 + 0.0167x_4 + 0.4611x_5 + 0.3236x_6 + 0.0022x_7 + 0.0081x_8 + 0.0006x_9$；$y_2 = 0.1169x_1 + 0.0097x_2 - 0.0077x_3 + 0.0151x_4 - 0.7021x_5 + 0.6999x_6 - 0.0179x_7 + 0.0530x_8 - 0.0007x_9$。结果表明，叶片厚度、栅栏组织厚和海绵组织厚度等性状对成分的贡献较大，为楸树无性系的关键解剖性状。叶片厚度增加有利于防止水分的过分蒸腾（Dong et al.，2001），而发达的栅栏组织和相对减少的海绵组织则有助于 CO_2 的传导，又可抵消因气孔关闭和叶肉结构的变化所引起的 CO_2 传导率的降低（Chartzoulakis et al.，2002），这 3 个指标综合反映了楸树无性系叶片对光照和水分条件的适应，反映了叶片传输和贮存水分的能力，表现出楸树的抗旱适应性。孟庆辉等（2006）研究了 4 个品种扶芳藤茎叶解剖结构及其与抗旱性的关系，结果表明，叶片叶片厚度、角质层厚度及栅栏组织厚度 3 个叶片结构参数在反应抗旱能力上最为灵敏，本研究的结果与其类似。对 29 个无性系前 2 个主成分值进行聚类分析，类平均法能较好的将叶片结构相似的无性系聚成一类，其聚类结果见图 2-3。取阈值 0.8，可将 29 个无性系划分为 4 类：第一类，包括无性系小叶、大叶、008 - 1、7080 和 6523；第二类，包括无性系 1 - 3、9 - 2、线灰、1 - 1、015 - 1、2 - 2、038、002 - 1、01 和 2 - 1；第三类，包括无性系 2 - 6 和 013 - 1，；第四类，包括无性系 2 - 8、灰 3、1 - 4、洛灰、1 - 2、2 - 7、9 - 1、光叶、001 - 1、011 - 1、02 和 004 - 1，抗旱能力依次递减。

表2-1 楸树无性系叶片形态解剖结构的比较

无性系	叶片厚度** (μm)	角质层厚度** (μm)	表皮厚度 (μm)		栅栏组织** (μm)	海绵组织** (μm)	栅/海**	气孔长度** (μm)	气孔宽度** (μm)	气孔密度** (个·mm^{-2})
			上表皮**	下表皮**						
1-3	161.11±3.74q	2.56±0.26efg	14.20±0.69lm	10.25±0.56gh	64.42±2.92jk	70.92±3.84hijk	0.91±0.06ghi	18.58±0.60cde	5.85±0.26cdefgh	570.42±24.65a
2-8	173.83±2.34j	2.81±0.25e	16.02±0.67fg	12.29±0.46bc	65.17±2.05ij	78.31±2.82f	0.83±0.04klm	18.27±0.33def	6.34±0.31cd	352.99±14.53hi
灰3	117.52±2.38w	1.71±0.08k	14.89±0.77jk	10.20±0.63gh	37.90±2.04q	52.78±2.92q	0.72±0.05n	17.91±0.50efgh	5.13±0.28ij	397.32±15.49de
1-4	171.40±4.18kl	2.54±0.17efg	15.12±0.38hij	10.82±0.43fg	67.34±4.37hi	75.07±2.04g	0.9±0.06ij	18.79±0.80bcd	5.54±0.33fghi	319.69±18.17klm
9-2	153.29±3.31s	2.44±0.27fgh	13.70±0.51mn	10.96±0.40ef	62.92±4.09jkl	64.69±2.28mn	0.97±0.06def	16.61±0.50kl	5.68±0.38efghi	302.72±11.61m
洛灰	132.49±2.78u	2.53±0.23efg	14.72±0.50jkl	9.00±0.33j	44.85±1.36o	62.98±1.40n	0.71±0.02n	16.95±0.64jkl	6.41±0.35bc	386.37±13.32ef
线灰	178.18±3.41i	3.14±0.30cd	17.50±0.36ab	12.20±0.28bcd	72.17±1.31fg	69.89±1.77ijk	1.03±0.03c	15.57±0.52m	5.52±0.38ghij	308.54±12.95m
1-1	164.98±2.35op	2.76±0.35ef	15.07±0.54hij	10.20±0.49gh	68.59±1.99h	68.61±2.29jkl	1.00±0.05cde	17.50±0.94fghij	5.68±0.38efghi	330.55±11.70jkl
015-1	173.29±0.80jk	2.68±0.27ef	14.33±0.49klm	10.83±0.41fg	73.68±2.69fg	74.95±2.11g	0.98±0.05cdef	17.63±0.64efghi	6.08±0.43cdef	350.21±17.03hi
2-2	166.70±1.79no	2.87±0.25de	16.03±0.41fg	11.00±0.43ef	74.33±3.02f	65.52±2.14m	1.14±0.06a	17.15±1.02ghijkl	5.49±0.41fghij	373.71±17.75fg
038	176.97±3.64i	3.18±0.50c	16.05±0.57fg	11.97±0.49bcd	71.27±6.34g	74.48±2.37g	0.96±0.08efg	17.97±1.44efg	6.16±0.93cde	408.81±18.01d
1-2	129.77±3.19v	1.91±0.18jk	16.18±0.66efg	11.88±0.59cd	41.02±1.84p	60.52±2.05o	0.68±0.05n	19.02±0.43bcd	5.52±0.32ghij	399.60±19.35de
2-6	169.66±1.49lm	2.58±0.24efg	15.25±0.74hi	11.88±0.65cd	55.50±2.74m	82.45±1.63e	0.67±0.04n	17.17±0.47ghijkl	5.08±0.64ij	405.32±19.86de
2-7	155.00±1.21rs	2.28±0.18ghi	17.84±0.85a	9.33±0.63ij	56.15±1.53m	68.35±2.71kl	0.82±0.03lm	16.45±0.84l	5.63±0.58efghi	283.20±16.61n
9-1	157.08±1.41r	2.13±0.05hij	14.51±0.66jkl	10.96±0.91ef	57.63±1.83m	70.28±2.76hijk	0.82±0.03lm	19.06±0.79bcd	6.98±0.55a	404.62±14.93de

注:楸树无性系试验林 2006 年营造,2011 年测定。

（续）

| 无性系 | 叶片厚度** (μm) | 角质层厚度** (μm) | 表皮厚度(μm) | | 栅栏组织** (μm) | 海绵组织** (μm) | 栅/海** | 气孔长度** (μm) | 气孔宽度** (μm) | 气孔密度** (个/mm²) |
			上表皮**	下表皮**						
光叶	187.30±3.88g	3.49±0.68b	12.67±0.64o	12.21±0.71bcd	77.92±3.13e	85.97±2.67d	0.91±0.06hi	20.56±0.71a	5.81±0.54defgh	363.72±14.33gh
小叶	257.49±2.07a	4.74±0.54a	16.83±0.54cde	13.62±0.65a	117.84±2.85a	106.77±2.80a	1.10±0.03ab	16.95±0.62jikl	5.42±0.51ghij	436.38±12.68c
013-1	193.61±0.93f	3.51±0.34b	13.42±0.55n	10.97±0.37ef	72.65±2.34fg	92.30±1.70c	0.79±0.03m	16.75±0.49jkl	5.01±0.45j	388.78±17.89ef
002-1	183.96±2.78h	1.29±0.33l	16.71±0.75cde	10.95±0.61ef	81.04±2.62d	75.06±3.53g	1.08±0.06b	19.32±0.62bc	5.18±0.44ij	305.55±15.28m
大叶	204.49±0.91d	2.12±0.25hij	17.04±0.75bcd	12.10±0.94bcd	79.01±2.17de	89.84±3.34c	0.88±0.04ijk	19.56±0.62b	5.62±0.56efghi	330.59±18.86jkl
001-1	164.27±2.09p	2.75±0.19ef	16.04±0.96fg	10.14±0.63h	61.77±2.18kl	71.87±2.78hi	0.86±0.04ijkl	17.11±0.68hijkl	5.12±0.59ij	346.54±15.6hij
011-1	130.65±2.13uv	2.27±0.36ghi	11.03±0.88p	10.15±0.72h	47.85±2.29n	56.03±2.49p	0.86±0.06jkl	14.96±0.66m	5.94±0.47cdefg	461.58±18.87b
008-1	218.11±1.99b	3.25±0.55bc	15.89±0.92fg	11.54±0.94de	91.09±4.36b	95.95±4.43b	0.95±0.04fgh	19.00±0.61bcd	6.86±0.63b	337.33±18.78jk
02	138.10±1.76t	2.06±0.22ij	16.54±0.68def	9.30±0.46ij	45.73±1.53no	66.45±2.77lm	0.69±0.04n	19.12±0.58bc	5.29±0.31hij	318.98±19.22klm
01	165.43±1.32op	1.87±0.18jk	15.66±0.76gh	12.51±1.44bc	67.90±4.04hi	69.36±2.51jik	0.98±0.06def	17.33±0.18ghijk	5.59±0.10efghij	352.13±11.58hi
2-1	170.96±1.611	2.03±0.22ij	14.35±0.95klm	9.87±0.99hi	72.49±3.91fg	71.14±3.05hij	1.02±0.07ghij	17.45±0.13ghijk	5.35±0.17ghij	307.05±1.50m
004-1	168.28±1.90mm	2.32±0.17ghi	12.25±0.75o	12.59±0.77b	61.50±2.071	72.55±2.25gh	0.85±0.05jkl	17.45±0.34ghijk	5.43±0.27ghij	316.48±12.00lm
7080	211.03±1.77c	2.14±0.55hij	17.30±0.55abc	10.96±0.59ef	91.62±4.13b	89.95±3.46c	1.02±0.07cd	19.23±0.29bc	5.92±0.12cdefg	328.97±9.28jkl
6523	201.73±2.18e	4.81±0.45a	10.63±0.64p	10.01±0.82h	84.32±2.57c	84.94±1.52d	0.99±0.02cdef	18.66±0.40cde	5.41±0.20ghij	376.25±12.53fg

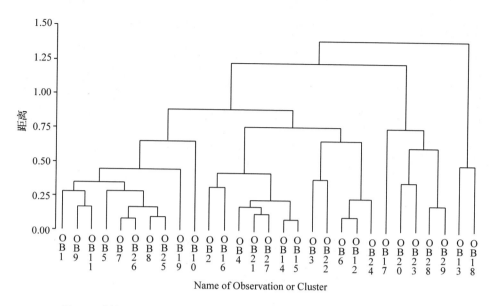

图 2-3 楸树无性系叶片结构聚类分析图（OB1－29 代表 29 个楸树无性系

3 楸树无性系生长规律

　　植物在水分亏缺的干旱环境中，会产生一系列的生理生化反应，以减轻或避免缺水对细胞的伤害，但是不同树种对干旱的响应有不同的特点和规律性，这就造成了物种之间抗旱性的差异。植物的抗旱性是一种复合性状，是植物根系及地上部分的形态解剖构造、水分生理特征及生理生化反应到组织细胞、光合器官及原生质结构特点等综合因素作用的结果（Larcher，1983）。相对来说，林木地上部分便于观测和定量分析，大部分研究都集中在地上部分。而地下部分的研究则相对滞后和缓慢，这主要是受到根系生长环境的特殊性和研究技术局限性的双重影响。一方面林木根系生长在不透明的土壤中，不能直接观测其生长发育的变化和对环境胁迫的响应；另一方面根系取样难度较大且均属破坏性取样。因此在很长的一段时期，对地下部分的了解，尤其是林木根系，要比地上部分少得多。目前对根系的研究主要集中在以下几个方面：研究根系形态结构、分布、生物量及各种生态因子对根生长影响的根系生态学；以开发利用根及根皮的天然次生产物等为目的的植物根系化学；研究植物根系固土及坡面土体稳定性为主的根系力学；以研究根系生长发育、水分、养分吸收和根渗出物为主的根系生理学（赵垦田，2000）。

　　研究表明植物受水分胁迫时，光合产物会更多地分配到根系来促进根系吸水（Huang et al.，2000；Ngugi et al.，2003；Coyle et al.，2005）。植物发育强大的根系，其重要意义就在于增大了根与土壤的接触表面积，有利于吸收水分和营养物质以供给植物地上部分生长所需，从而保证其在干旱贫瘠土地上的生存。目前的研究主要关于干旱胁迫对玉米（李博等，2008）、水稻（高志红等，2009）等农作物，茶树（王家顺等，2011）、荔枝（张承林等，2005）等经济作物，油松、刺槐、侧柏、沙棘等黄土高原主要造林树种以及黄栌（孔艳菊等，2006）、桉树（李林锋等，2004）等根系特征的影响。其中陈明涛等（2011）对黄土高原4种造林树种的研究表明不同的干旱程度下根系生物量和微细根特征值变化在树种之间存在明显的差异，但总体上看一定程度的干旱胁迫促进根系生物量和微细根特征值的增加。通常认为，干旱胁迫对根系的影响是多方面的，包括根在水平或垂直方向的伸展、根长、密度、具有强吸收功能的细根数量、根冠比、根表面积与叶面积比、根内水流动的垂直和横向阻力的变化等（孙宪芝等，2007）。

3.1 林木生长规律

3.1.1 胸径生长

2011年调查发现，在河南南阳29个楸树无性系的平均胸径为6.59cm（表3-1），年平均胸径生长量为0.82cm/a，其中无性系2－6、2－1、1－4、015－1和2－2的胸径显著高于其他无性系，均超过7.50cm，其胸径年生长量在0.91~1.07cm/a之间，粗生长较好。无性系光叶（4.62±0.18cm）、小叶（5.21±0.21cm）、洛灰（5.22±0.21cm）、7080（5.47±0.22cm）和038（5.81±0.23cm）的胸径较小，胸径年生长量也较低，胸径生长相对缓慢。另外无性系9－2和02的胸径年生长量为1.14cm/a，若能维持一定的生长量，胸径生长也会较高。

在甘肃小陇山29个楸树无性系的生长指标中，胸径较大的无性系是008－1、1－4和1－1，胸径均超过11.00cm，并且以接近2cm/a的速度持续生长，而无性系011－1、小叶、光叶和大叶的胸径较小，胸径年生长量在1cm/a左右，胸径生长缓慢，其中无性系011－1的胸径为6.09cm，年生长量为0.90cm/a，分别是无性系008－1的51.96%和48.65%，可见无性系之间的生长差异是巨大的。其余无性系的胸径在8.25~10.89m之间，胸径年生长量在1.20~1.70m/a之间。甘肃小陇山楸树各无性系的平均胸径为9.53cm，平均胸径年生长量为1.48cm/a（表3-2）。

3.1.2 树高生长

在高生长方面，2011 年河南南阳 29 个楸树无性系的高生长在 3.56 ~ 5.59m 之间（平均值为 4.79m），树高年生长量在 0.71 ~ 1.12m/a 之间（平均为 0.96m/a），无性系 1-4、2-1、2-6 的树高均在 5.50m 以上，显著高于其他无性系，并且其年生长量也是最高的，植株高生长较好，长势迅速，无性系光叶、小叶和洛灰的树高和年生长量均小于其他无性系，高生长缓慢。可以看出无性系胸径生长和高生长的结果基本相同，无性系 1-4、2-1 和 2-6 的生长较好，胸径生长和高生长都较大，而无性系光叶、小叶和洛灰的长势较差，胸径和树高都较小（表 3-1）。

在甘肃小陇山，各无性系的平均树高为 7.55m，平均树高年生长量为 1.21m/a。树高较大且高生长迅速的无性系是 1-4（9.46 ± 0.38m，1.53m/a）、008-1（8.91 ± 0.36m，1.42m/a）和 9-1（8.68 ± 0.35m，1.43m/a），树高较小且高生长缓慢的无性系是 011-1（5.41 ± 0.22m，0.86m/a）、光叶（5.59 ± 0.22m，0.87m/a）和小叶（5.95 ± 0.24m，0.93m/a），这两类无性系的树高之间存在极显著差异（$P < 0.01$），无性系 011-1 的树高和年生长量分别是无性系 1-4 的 57.19% 和 56.32%。在供试的 29 个无性系中，无性系 008-1、1-4、1-1 和 001-1 的胸径生长和高生长都明显优于其他无性系，而无性系 011-1、小叶、光叶和大叶的胸径生长和高生长都较差且生长缓慢（表 3-2）。

表 3-1　河南南阳 29 个楸树无性系生长指标

无性系	2011 年胸径 （cm）	胸径年生长量 （cm/a）	2011 年树高 （m）	树高年生长量 （m/a）
6523	6.79 ± 0.27	0.85	4.99 ± 0.20	1.00
001-1	6.84 ± 0.27	0.82	4.98 ± 0.20	1.00
002-1	5.94 ± 0.24	0.82	4.36 ± 0.17	0.87
004-1	6.11 ± 0.24	0.88	4.72 ± 0.19	0.94
008-1	7.37 ± 0.29	0.85	5.00 ± 0.20	1.00
01	6.59 ± 0.26	0.76	4.88 ± 0.20	0.98
011-1	6.31 ± 0.25	0.75	4.20 ± 0.17	0.84
013-1	6.12 ± 0.24	0.77	4.63 ± 0.19	0.93

（续）

无性系	2011 年胸径 （cm）	胸径年生长量 （cm/a）	2011 年树高 （m）	树高年生长量 （m/a）
015 – 1	7.81 ± 0.31	1.06	5.38 ± 0.21	1.08
02	7.14 ± 0.29	1.14	4.69 ± 0.19	0.94
038	5.81 ± 0.23	0.63	4.73 ± 0.19	0.95
7080	5.47 ± 0.22	0.64	4.49 ± 0.18	0.90
1 – 1	7.24 ± 0.29	0.79	5.32 ± 0.21	1.06
1 – 2	6.72 ± 0.27	0.66	4.95 ± 0.2	0.99
1 – 3	5.90 ± 0.241	0.59	4.53 ± 0.18	0.91
1 – 4	7.83 ± 0.31	0.91	5.59 ± 0.22	1.12
2 – 1	7.89 ± 0.32	1.07	5.56 ± 0.22	1.11
2 – 2	7.56 ± 0.30	0.96	5.24 ± 0.21	1.05
2 – 6	8.13 ± 0.33	1.06	5.53 ± 0.22	1.11
2 – 7	7.30 ± 0.29	0.77	5.36 ± 0.21	1.07
2 – 8	6.41 ± 0.26	0.69	4.60 ± 0.18	0.92
9 – 1	7.23 ± 0.29	0.91	5.18 ± 0.21	1.04
9 – 2	7.36 ± 0.29	1.14	4.99 ± 0.2	1.00
大叶	6.16 ± 0.25	0.70	4.52 ± 0.18	0.90
光叶	4.62 ± 0.18	0.66	3.56 ± 0.14	0.71
灰 3	6.10 ± 0.24	0.67	4.52 ± 0.18	0.90
洛灰	5.22 ± 0.21	0.67	4.02 ± 0.16	0.80
线灰	5.86 ± 0.231	0.77	4.61 ± 0.18	0.92
小叶	5.21 ± 0.21	0.67	3.84 ± 0.15	0.77
平均值	6.59	0.82	4.79	0.96

注：楸树无性系试验林 2006 年营造，2011 年测定。

表 3-2　甘肃小陇山 29 个楸树无性系生长指标

无性系	2011 年胸径 （cm）	胸径年生长量 （cm/a）	2011 年树高 （m）	树高年生长量 （m/a）
6523	9.53 ± 0.38	1.55	6.76 ± 0.27	1.05
001 – 1	10.89 ± 0.44	1.63	8.18 ± 0.33	1.30
002 – 1	8.34 ± 0.33	1.29	7.34 ± 0.29	1.22
004 – 1	9.35 ± 0.37	1.48	7.54 ± 0.30	1.32
008 – 1	11.72 ± 0.47	1.86	8.91 ± 0.36	1.42
01	9.31 ± 0.37	1.42	7.69 ± 0.31	1.23
011 – 1	6.09 ± 0.24	0.90	5.41 ± 0.22	0.86

（续）

无性系	2011 年胸径 （cm）	胸径年生长量 （cm/a）	2011 年树高 （m）	树高年生长量 （m/a）
013 - 1	10.48 ± 0.42	1.63	8.26 ± 0.33	1.33
015 - 1	10.05 ± 0.40	1.48	8.05 ± 0.32	1.26
02	10.06 ± 0.40	1.81	7.49 ± 0.30	1.29
038	8.98 ± 0.36	1.39	6.23 ± 0.25	0.95
7080	9.54 ± 0.38	1.59	7.28 ± 0.29	1.23
1 - 1	11.33 ± 0.45	1.81	8.24 ± 0.33	1.32
1 - 2	8.99 ± 0.36	1.40	7.56 ± 0.30	1.23
1 - 3	9.17 ± 0.37	1.40	6.84 ± 0.27	1.04
1 - 4	11.47 ± 0.46	1.79	9.46 ± 0.38	1.53
2 - 1	10.07 ± 0.40	1.51	8.33 ± 0.33	1.33
2 - 2	10.40 ± 0.42	1.62	8.39 ± 0.34	1.31
2 - 6	9.49 ± 0.38	1.40	7.38 ± 0.30	1.19
2 - 7	10.57 ± 0.42	1.67	8.32 ± 0.33	1.31
2 - 8	10.66 ± 0.43	1.56	8.58 ± 0.34	1.32
9 - 1	10.62 ± 0.42	1.73	8.68 ± 0.35	1.43
9 - 2	10.70 ± 0.43	1.75	7.95 ± 0.32	1.29
大叶	7.86 ± 0.301	1.22	6.34 ± 0.25	1.06
光叶	7.56 ± 0.30	1.20	5.59 ± 0.22	0.87
灰 3	9.31 ± 0.37	1.38	7.93 ± 0.32	1.32
洛灰	8.40 ± 0.34	1.18	6.98 ± 0.28	1.07
线灰	8.25 ± 0.33	1.21	7.37 ± 0.29	1.15
小叶	7.15 ± 0.29	1.13	5.95 ± 0.24	0.93
平均值	9.53	1.48	7.55	1.21

注：楸树无性系试验林 2006 年营造，2011 年测定。

总的来说，甘肃小陇山各无性系的胸径生长和高生长以及年生长量基本上均高于南阳，其平均胸径和平均胸径年生长量分别是河南南阳的 1.45 倍和 1.82 倍，而平均树高和平均树高年生长量是南阳的 1.58 倍和 1.27 倍。这也印证了甘肃小陇山的土壤理化性质较好，适合楸树的生长。事实上除了无性系 011 - 1 的胸径甘肃略小于河南南阳之外，其余指标均高于南阳。综合比较之后发现，无性系无性系 1 - 4、008 - 1、9 - 2、1 - 1、2 - 2 和 2 - 7 在河南南阳和甘肃小陇山是胸径生长和高生长都较为突出的优势无性系，而无性系

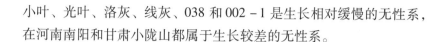

小叶、光叶、洛灰、线灰、038 和 002 - 1 是生长相对缓慢的无性系，在河南南阳和甘肃小陇山都属于生长较差的无性系。

3.2 苗木生长规律

3.2.1 干旱胁迫对苗木生物量分配的影响

3.2.1.1 干旱胁迫对楸树无性系苗木整株生物量的影响

干旱胁迫对楸树无性系的整株生物量有很大影响(图 3-1)，3 个无性系的整株生物量在严重干旱时期都大幅度下降，生物量积累受抑制作用，但降幅有所不同。这与胡晓健等(2010)对干旱胁迫下不同种源马尾松苗木生物量的变化规律相同。在正常水分条件下，各无性系整株生物量的大小为无性系 7080(295. 10 ± 33. 58g) > 015 - 1(246. 88 ± 3. 77g) > 1 - 4(239. 48 ± 32. 58g)，但三者之间并不存在显著性差异。严重干旱胁迫时期，3 个无性系的平均整株生物量为142. 28g，大小可排列为无性系 015 - 1(145. 01 ± 8. 71g) > 1 - 4(142. 52 ± 14. 81g) > 7080(139. 32 ± 13. 86g)，与对照相比，分别下降了41. 26%、40. 49% 和 52. 79%。无性系 7080 的降幅最大，说明干旱胁迫对无性系 7080 的整株生物量影响最大，其次是无性系 015 - 1，无性系 1 - 4 的降幅最小。

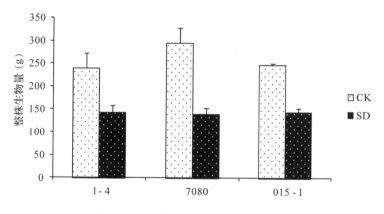

图 3-1 不同楸树无性系整株生物量的变化

CK. 正常水分条件；SD. 严重干旱胁迫时期，下同

3.2.1.2 干旱胁迫对楸树无性系苗木地上部分生物量的影响

为了进一步了解楸树无性系各器官的营养物质在干旱胁迫下的

分配状况，对比了不同无性系地上部分的生物量。严重干旱使得楸树无性系地上部分的生物量大幅度下降，叶生物量、叶柄生物量和茎生物量都呈下降趋势，但降幅有所不同（图3-2）。在正常水分条件下，叶生物量的大小都表现为无性系7080＞015－1＞1－4，且三者之间存在显著性差异，无性系7080的最高（97.93±9.73g），比最小的无性系1－4（63.64±12.22g）高53.88%。叶柄生物量的大小为无性系7080＞1－4＞015－1，茎生物量的大小为无性系7080＞015－1＞1－4，但叶柄和茎生物量都不存在显著性差异。正常水分下各无形性地上部分总生物量分别为无性系1－4（159.17±18.14g）、7080（217.14±16.71g）、015－1（187.20±5.01g）。严重干旱胁迫时期，无性系1－4、7080和015－1的叶、叶柄、茎生物量的降幅分别为叶（31.55%、51.39%、44.62%）、叶柄（17.21%、37.27%、16.20%）、茎（38.91%、52.42%、46.95%）。除了无性系1－4的叶柄生物量降幅略大于无性系015－1以外，3个无性系中以无性系7080地上部分总生物量的降幅最大（50.45%），叶与茎的生物量下降了一半，无性系015－1的叶、茎生物量也下降了近50%，无性系1－4地上部分总生物量受到的影响相对较小（33.93%），各无性系的叶柄生物量受到的影响小于叶片和茎部。

从叶、叶柄和茎生物量占地上部分总生物量的比例来看，在正常水分条件下，无性系1－4各器官分别占总量的39.98%、9.38%、50.64%，无性系7080占地上部分总生物量的46.51%、9.95%、44.95%，无性系015－1占44.24%、7.82%、45.68%；而受到严

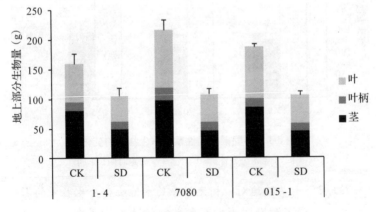

图3-2　不同楸树无性系地上部分生物量的变化

34

重干旱胁迫时，无性系 1 - 4 占 45.10%、11.75%、46.82%，无性系 7080 占 41.42%、12.59%、43.16%，无性系 015 - 1 占 45.55%、11.58%、42.87%。从比例的变化上可以看出，尽管叶柄生物量在严重干旱时期占的比重有所增加，由于其降幅小，对地上部分总生物量的影响较小，叶和茎生物量的减少是造成重度干旱胁迫时期地上部分总生物量降低的主要原因。

3.2.1.3　干旱胁迫对楸树无性系苗木地下部分生物量的影响

地下部分的生物量指的是根系总生物量，由于根系与土壤水分有密切的关系，在植物干旱胁迫响应过程中发挥着重要作用(Wright et al.，1992；Dodd et al.，2005；Christmann et al.，2007)。与地上部分生物量的变化趋势相同，严重干旱也会造成楸树无性系根系生物量大幅度下降(图3-3)。在水分充足条件下，根系生物量最高的是无性系 1 - 4(80.31 ± 14.71 g)，无性系 015 - 1 最小(59.68 ± 1.24 g)，只有无性系 1 - 4 的 74.31%，无性系 7080 的根系生物量居中，为 77.96 ± 16.87 g。表明在正常水分条件下，无性系 1 - 4 的根系较大，占据空间较多，无性系 015 - 1 的根系较小。到了严重干旱胁迫时期，根系生物量的变化范围在 31.74 g ~ 39.17g，无性系 015 - 1 的根系生物量最高，无性系 7080 最小。无性系 1 - 4、7080 和 015 - 1 的根系生物量比对照分别少了 53.48%、59.29% 和 34.37%，无性系 7080 和 1 - 4 的根系生物量降幅较大，说明它们在严重干旱时根系受到严重影响，生长受抑制，无性系 015 - 1 的降幅较小，其根系生长受严重干旱的影响较小。

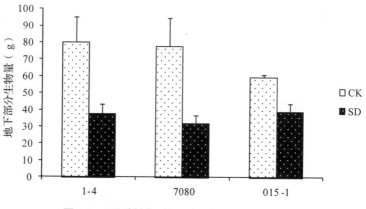

图3-3　不同楸树无性系地下部分生物量的变化

3.3　根系分布特征

　　相对来说，林木地上部分便于观测和定量分析，大部分研究都集中在地上部分。而地下部分的研究则相对滞后和缓慢，这主要是受到根系生长环境的特殊性和研究技术局限性的双重影响。一方面林木根系生长在不透明的土壤中，不能直接观测其生长发育的变化和对环境胁迫的响应；另一方面根系取样难度较大且均属破坏性取样。因此在很长的一段时期，对地下部分的了解，尤其是林木根系，要比地上部分少得多。目前对根系的研究主要集中在以下几个方面：研究根系形态结构、分布、生物量及各种生态因子对根生长影响的根系生态学；以开发利用根及根皮的天然次生产物等为目的的植物根系化学；研究植物根系固土及坡面土体稳定性为主的根系力学；以研究根系生长发育、水分、养分吸收和根渗出物为主的根系生理学（赵垦田，2000）。

3.3.1　干旱胁迫对根系特征值的影响

　　植物对水分的需求和水分亏缺所产生的后果被认为是最复杂的生理生态学问题之一（赵垦田，2000）。许多试验和模型的研究结果表明，影响水分在植物中传输的因素除了蒸腾速率与水压之外，还与根系特征值有关（Coners et al. , 2005）。由于水分的可利用性在很大程度上限制着植物的生产力，定量分析在干旱胁迫下植物的根系特征（包括等）对理解植物根系对水分亏缺的响应机制显得非常必要。研究表明植物受水分胁迫时，光合产物会更多地分配到根系来促进根系吸水（Huang et al. , 2000；Ngugi et al. , 2003；Coyle et al. , 2005）。植物发育强大的根系，其重要意义就在于增大了根与土壤的接触表面积，有利于吸收水分和营养物质以供给植物地上部分生长所需，从而保证其在干旱贫瘠土地上的生存。目前的研究主要关于干旱胁迫对玉米（李博等，2008）、水稻（高志红等，2009）等农作物，茶树（王家顺等，2011）、荔枝（张承林等，2005）等经济作物，油松、刺槐、侧柏、沙棘等黄土高原主要造林树种以及黄栌（孔艳菊等，2006）、桉树（李林锋等，2004）等根系特征的影响。其中，陈明涛等（2011）对黄土高原4种造林树种的研究表明不同的干旱程度下根系生物量和微细根特征值变化在树种之间存在明显的差异，但总体上看，一定程度的干旱胁迫促进根系生物量和微细根特征值的增加。通常认为，干旱胁迫对根系的影响是多方面的，包括根在水平或垂直方向的伸展、根长、密度、具有强吸收功能的细根数量、根冠比、根表面积与叶面积比、根内水流动的垂直和横向阻力的变化等（孙宪芝等，2007）。

3.3.1.1 干旱胁迫对根系平均直径、表面积、体积的影响

在正常水分条件下，楸树各无性系的根系平均直径中最大的是无性系 7080（41.42 ± 3.42mm），无性系 1 - 4 其次（36.25 ± 3.22mm），无性系 015 - 1 的根系平均直径较小（25.79 ± 2.84mm），为无性系 7080 的 62.25%（图 3-4）。方差分析和多重比较的结果表明（表 3-3），无性系 015 - 1 的根系平均直径显著低于其他两个无性系（$P < 0.01$），但是无性系 7080 和 1 - 4 的根系平均直径并不存在显著性差异。严重干旱导致楸树无性系根系平均直径大幅度减小，无性系 1 - 4 的平均直径降至 17.54 ± 1.38mm，无性系 7080 的降至 15.88 ± 0.40mm，无性系 015 - 1 降至 16.83 ± 0.83mm，三者之间差异不显著，平均值为 16.75mm。但是与正常水分条件相比，各无性系的降幅有很大不同，分别下降了 51.61%、61.66% 和 34.73%，无性系 7080 和 1 - 4 的降幅相对较高，受重度干旱胁迫的影响较大，而无性系 015 - 1 的降幅最小，说明严重干旱对无性系 015 - 1 的根系平均直径影响最小。

根表面积的大小决定了根系与土壤的接触面积的大小，表面积越大竞争养分和水分的能力就越高。与根系平均直径相同，在正常水分条件下，根表面积最高的是无性系 7080（5559.73 ± 258.02cm²），其次是无性系 1 - 4（3861.19 ± 163.19cm²），无性系 015 - 1 最小（3566.43 ± 155.87cm²），无性系 7080 的根表面积分别是无性系 1 - 4 和 015 - 1 的 1.44 倍和 1.56 倍，各无性系之间存在极显著差异（$P < 0.01$）。严重干旱也导致楸树无性系根表面积急剧减少，但是降幅有很大差异。严重干旱胁迫时期的根表面积大小可排列为无性系 1 - 4 > 015 - 1 > 7080，无性系 7080 的根表面积显著低于其他两个无性系（$P < 0.01$）。无性系 1 - 4 比对照减少了 28.86%，无性系 7080 减少了 59.41%，无性系 015 - 1 则减少了 30.21%。这说明严重干旱显著影响了楸树各无性系根表面积的大小，无性系 7080 受

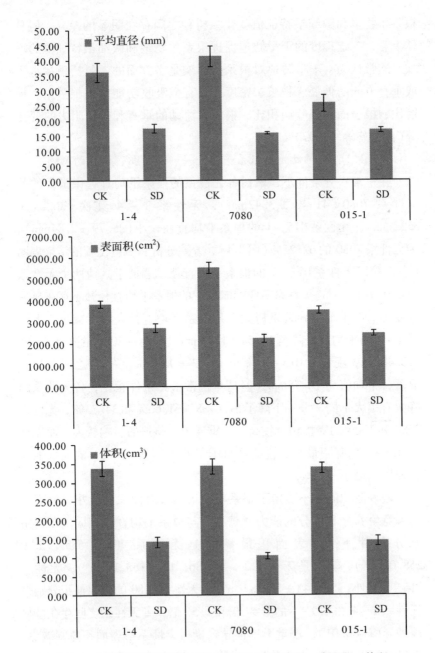

图3-4 不同干旱胁迫下楸树无性系根系平均直径、表面积、体积

到的影响最大，降幅最高，而无性系 1 – 4 和 015 – 1 的根表面积仅减少了三分之一，受干旱胁迫影响较小。

表 3-3　正常与严重干旱条件下楸树无性系根
平均直径、表面积、体积方差分析表

干旱梯度	无性系	平均直径（mm）	表面积（cm²）	体　积（cm³）
CK	1 - 4	a	b	a
	7080	a	a	a
	015 - 1	b	b	a
	sig.	0.0025＊＊	＜.0001＊＊	0.9423
SD	1 - 4	a	a	a
	7080	b	c	b
	015 - 1	ab	b	a
	sig.	0.0543	0.0021＊＊	0.0002＊＊

＊＊表示存在显著性差异（$P<0.01$）。

　　根系总体积的变化趋势与根系平均直径和根表面积一致，在严重干旱胁迫下都大幅度下降。在正常水分条件下，各无性系在土壤中所占据的空间十分接近，根系总体积的平均值为 341.13 cm³，根体积的大小为无性系 7080 ＞ 015 - 1 ＞ 1 - 4，但是三者之间并不存在显著性差异。严重干旱使得楸树各无性系的根体积显著减少，根体积的大小分别为无性系 015 - 1（145.75 ± 12.35cm³）＞ 1 - 4（142.75 ± 13.52cm³）＞ 7080（105.71 ± 8.78cm³），无性系 7080 显著小于无性系 015 - 1 和 1 - 4（$P<0.01$），但无性系 1 - 4 和 015 - 1 之间差异不显著。与正常水平相比，三者中根体积降幅最大的是无性系 7080，下降了 69.27%，无性系 1 - 4 和 015 - 1 的根体积分别下降了 57.92% 和 57.15%，表明重度干旱胁迫使楸树无性系根系遭到严重萎缩，同时也印证了各无性系地下部分生物量在严重干旱时大幅度下降的结果。

　　3.3.1.2　干旱胁迫对根系长度、根尖数、分叉数的影响

　　在水分充足的环境条件下，无性系 7080 的根系总长度显著大于无性系 1 - 4 和 015 - 1（$P<0.01$），为 15694.55 ± 1308.71cm，是无性系 1 - 4 的 1.56 倍，无性系 015 - 1 的 1.71 倍，无性系 1 - 4 与 015 - 1 的根系长度并不存在显著性差异（图 3-5，表 3-4）。与根系平均直径、表面积、体积的变化不同，严重干旱对楸树各无性系的根系长度也产生了很大影响，但是每个无性系的响应方式并不一致。除

了7080在严重干旱下根系长度变小之外，1-4和015-1在重度干旱胁迫下根系长度都有所增加。严重干旱时各无性系根系长度分别为1-4（12123.76±369.51cm）>015-1（10205.72±557.49cm）>7080（11012.65±579.92cm），三者之间存在极显著差异（$P<0.01$）。就变化幅度来讲，7080比正常水平减少了34.97%，而1-4和015-1分别增加了20.21%和19.83%，表明在严重干旱时期，1-4和015-1仍能够通过增加根系长度来扩展吸收水分和养分的空间，其根系具有较大的可塑性。

表3-4　正常与严重干旱条件下楸树无性系根系长度、根尖数、分叉数方差分析表

干旱梯度	无性系	长度 （cm）	根尖数 （N）	分叉数 （N）
CK	1-4	b	b	b
	7080	a	a	a
	015-1	b	b	b
	sig.	0.0003**	<.0001**	<.0001**
SD	1-4	a	c	a
	7080	c	b	b
	015-1	b	a	b
	sig.	0.0003**	<.0001**	<.0001**

严重干旱使得楸树无性系的根尖数量大幅度上升，但是不同无性系的增加幅度并不相同。正常水分条件下，无性系7080的根尖数量最多，显著高于无性系1-4和015-1（$P<0.01$），为11404±645个，约是其他两个无性系根尖数量的1.5倍。表明在水分充足的环境中，7080的根系生长迅速，巨大的根尖数量和根长使其能有效利用土壤中的水分和养分。无性系1-4和015-1在正常水分条件下的根尖数量并不存在显著性差异。到了严重干旱胁迫时期，3个无性系的根尖数量存在极显著差异（$P<0.01$），按从大到小的顺序可排列为无性系015-1（18268±664个）>7080（16662±709个）>1-4（14397±829个），分别比正常条件下增加了139.19%、46.10%和92.14%，无性系015-1的根尖数量直接翻了一番，可占据更多的土壤空间，表现出较强的抗旱性，无性系1-4其次，无性系7080的增幅最小，在重度干旱下根系发育较迟缓。

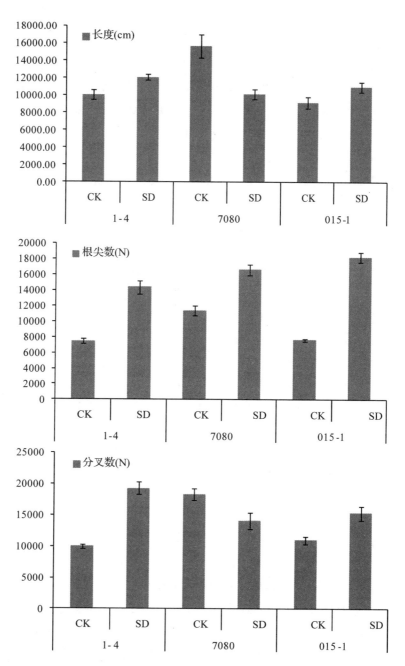

图3-5 不同干旱胁迫下楸树无性系根系长度、根尖数、分叉数

楸树无性系在重度干旱胁迫下的分叉数的变化情况与其根系长度的变化情况一致。表现为无性系 7080 的分叉数在严重干旱条件下有下降趋势，无性系 1 - 4 和 015 - 1 的分叉数则在严重干旱时期呈上升趋势。在正常水分条件下，无性系 7080 的分叉数最多，根系扩展范围较广，为 18347 ± 958 个，显著高于无性系 1 - 4（9991 ± 295 个）和 015 - 1（11049 ± 580 个）（$P < 0.01$），分叉数量几乎是无性系 1 - 4 的 2 倍。无性系 1 - 4 和 015 - 1 的根系分叉数在正常水分条件下不存在显著性差异。严重干旱胁迫时期，无性系 1 - 4 的分叉数增加至 19323 ± 980 个，是各无性系中分叉数最多的，也是与对照相比增幅最大的一个无性系，增加了 93.41%，其次是无性系 015 - 1，增幅为 39.71%。无性系 7080 的分叉数与正常水平相比下降了 22.96%，根系扩展明显受到严重干旱的抑制。

总的来说，在水分充足的环境条件下，楸树 3 个无性系中，根系发育状况最好的无性系是 7080，其根系可以占据较大的纵向和横向空间，根系形态方面表现为具有较大的平均直径、根表面积、根体积和根长，还具有大量的根尖数和分叉数，这些大量形成的根尖数和分叉数有助于整个根系的横向发育，扩展空间环境，增强自身对营养物质和水分的吸收能力，并且有利于地上部分的生长。无性系 1 - 4 与 015 - 1 在正常水分条件下根系的发育程度相近。一般说来，干旱胁迫下植物根系生物量的减少主要是通过根系的形态变化来实现的，根特征值比根生物量对土壤环境变化更敏感（Bakker et al.，1999；Moore et al.，2000；Block et al.，2006；Trubat et al.，2006）。本书中，当遭受严重干旱时，无性系 7080 和 1 - 4 的地下部分生物量降幅最大，其根系形态指标受到的影响也最为严重。无性系 7080 除了根尖数在严重干旱时期比对照有所增高之外，其余 5 个特征值都大幅度下降，根系生长受到的抑制极为明显，根体积仅为正常水平的 30%。无性系 1 - 4 和 015 - 1 虽然在严重干旱时期的根系平均直径、根表面积和根体积都有所减少，但是其根长、根尖数和分叉数都明显增多，表明无性系 1 - 4 的 015 - 1 的根系在水分亏缺的环境中有较强的可塑性，通过改变其形态分布来增加根系的对水分的吸收能力，已达到抵御干旱环境的目的。其中无性系 015 - 1 根尖数的增幅最大，无性系 1 - 4 的分叉数增幅最大，表明二者根系应对干旱环境的策略有所不同，这种差异有可能是基因型的差异所

造成的，具体原因有待进一步深入研究。

3.3.2 干旱胁迫对根系分级（微细根、粗细根、粗根）特征值的影响

典型的植物根系系统包括各种径级的根，根系直径的变化会导致根系形态结构的变化，进而分化形成不同的生理功能。研究中通常根据根直径的大小把根系划分为微细根（small fine roots，d < 2 mm）、粗细根（coarse fine roots，2mm < d < 5 mm）和粗根（coarse roots，d > 5 mm）。微细根表皮薄、幼嫩、膜透性强，主要功能是进行吸收和新陈代谢，通过大量的根呼吸提供能量进行水分、矿物养分的吸收和运输。粗细根的主要功能就是传输养分和水分，它是微细根和粗根的过渡形态。粗根主要有两个作用，一个是将吸收和传输来的养分储存起来，另一个是对植株地上部分起到物理支撑的作用。通过分析干旱胁迫下楸树无性系根系分级特征值的变化情况，对我们深入了解各径级根系对逆境的响应机制具有非常重要的作用。

从同一分级的特征值来看，在正常水分条件下，根直径 0 < d < 2mm 的微细根根长最大的是无性系 7080（13202.67 ± 527.63cm），其次是无性系 1 – 4（8247.21 ± 225.96cm），无性系 015 – 1 的最小（7455.95 ± 390.29cm）（图 3-6）。表 3-5 的方差分析和多重比较的结果表明，无性系 7080 的根长显著高于无性系 1 – 4 和 015 – 1（P < 0.01），分别是二者的 1.60 倍和 1.77 倍，而后两者之间并无显著性差异。重度干旱胁迫对楸树无性系微细根根长产生较大影响，各无性系的响应方式也有所不同。严重干旱导致无性系 1 – 4 和 015 – 1 的微细根根长显著增加，分别比正常水平增加了 33.32% 和 30.94%，而 7080 的微细根根长则明显降低，降至 9250.50 ± 403.62cm，降幅为 29.93%。严重干旱时无性系 7080 和 015 – 1 的微细根根长并不存在显著性差异，但是都明显小于无性系 1 – 4。

3.3.2.1 微细根、粗细根和粗根的根长、根表面积、根体积的变化

正常水分条件下和严重干旱时，楸树无性系微细根根表面积均存在显著性差异（P < 0.01）。水分充足情况下各无性系微细根根表面积的大小为无性系 7080（1070.42 ± 30.25cm^2） > 1 – 4（649.94 ± 28.71cm^2） > 015 – 1（573.62 ± 29.00cm^2），而严重干旱胁迫时根表面

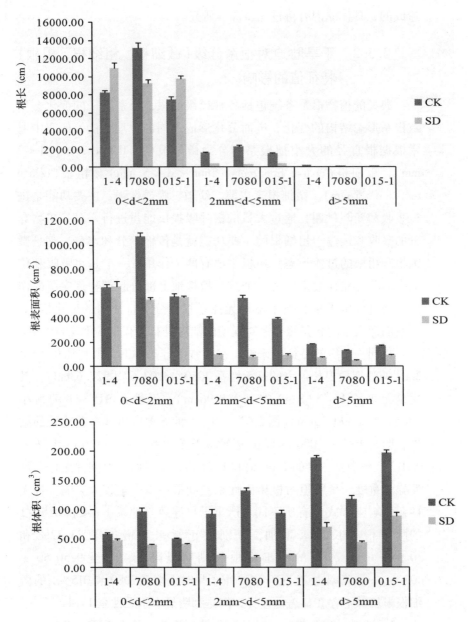

图3-6 不同干旱胁迫下楸树无性系根长、表面积、体积分级特征

积大小为无性系 $1-4$（$1070.42 \pm 30.25cm^2$）$> 015-1$（$649.94 \pm 28.71cm^2$）> 7080（$573.62 \pm 29.00cm^2$），可以看出，干旱胁迫对楸树微细根根表面积有一定影响，但各无性系的响应方式存在差异。无性系 $1-4$ 的微细根表面积增加了 $12.21cm^2$，增幅很小，无性系 015

－1减少了5.91cm²，表明严重干旱胁迫对这两个无性系的微细根表面积影响较小，这与它们根系长度的增加有关，根长的增加弥补了干旱对根表面积带来的影响，形成了新的吸收区域。受干旱胁迫影响最为严重的是无性系7080，与正常水平相比，其微细根表面积减少了48.77%，微细根的吸收能力显著降低。

表3.5　不同干旱胁迫下楸树无性系根长、表面积、体积分级特征方差分析

根系分级	干旱梯度	无性系	根长 （cm）	根表面积 （cm²）	根体积 （cm³）
0 < d < 2mm 微细根	CK	1 - 4	b	b	b
		7080	a	a	a
		015 - 1	b	c	b
		sig.	< .0001 * *	< .0001 * *	< .0001 * *
	SD	1 - 4	a	a	a
		7080	b	b	b
		015 - 1	b	b	b
		sig.	< .0001 * *	< .0001 * *	< .0001 * *
2mm < d < 5mm 粗细根	CK	1 - 4	b	b	b
		7080	a	a	a
		015 - 1	b	b	b
		sig.	< .0001 * *	< .0001 * *	0.0006 * *
	SD	1 - 4	a	a	a
		7080	b	b	b
		015 - 1	a	a	a
		sig.	< .0001 * *	0.0234 *	0.0368 *
d > 5mm 粗根	CK	1 - 4	a	a	a
		7080	b	c	b
		015 - 1	b	b	a
		sig.	0.0038 * *	< .0001 * *	< .0001 * *
	SD	1 - 4	b	b	b
		7080	c	c	c
		015 - 1	a	a	a
		sig.	< .0001 * *	< .0001 * *	< .0001 * *

　　不仅如此，严重干旱胁迫也造成楸树微细根的根体积减少，根系萎缩。在正常水分条件下，无性系7080的微细根体积为95.70 ± 7.47cm³，显著高于无性系1 - 4和015 - 1（$P < 0.01$），分别是它们的1.66倍和1.93倍。而重度干旱胁迫时期，无性系1 - 4的微细根

体积最大，为 47.33 ± 3.19cm³，根体积仅减小了 17.98%；其次是无性系 015 – 1（40.39 ± 2.07cm³），减少了 18.54%。严重干旱时，无性系 7080 的微细根体积最小，为 39.61 ± 1.17cm³，虽然与严重干旱时期无性系 015 – 1 的根体积不存在显著性差异，但是与其他两个无性系相比，其根系萎缩最为严重，根体积减少了 58.61%，根系的正常生长和新陈代谢均明显受到抑制（图 3-6）。

不同于干旱胁迫下微细根的变化趋势，严重干旱胁迫对楸树粗细根（根直径 2mm < d < 5mm）的根长、根表面积和根体积都造成了很大影响，3 个特征值都呈现大幅度下降趋势。在根长方面，楸树各无性系在正常水分条件下的粗细根根长和严重干旱胁迫下的根长都存在极显著差异（$P < 0.01$）（见表 3.5）。在正常水分条件下，无性系 7080 的粗细根长度最大，为 2317.56 ± 139.36cm，其次为无性系 1 – 4（1622.96 ± 57.21cm），无性系 015 – 1 的根长最短（1551.93 ± 52.26cm），而在严重干旱胁迫条件下，粗细根根长的大小为无性系 1 – 4（415.00 ± 16.98cm） > 015 – 1（402.84 ± 14.21cm） > 7080（353.76 ± 8.21cm），但是各无性系的降幅有很大差异。无性系 7080 的粗细根根长比正常水平减少了 84.74%，降幅最大，无性系 1 – 4 和 015 – 1 也分别下降了 74.43% 和 74.04%，表明重度干旱胁迫严重阻碍了楸树无性系粗细根的伸长生长。

在根表面积方面，严重干旱胁迫导致楸树各无性系粗细根与土壤接触面积大幅度减少。在水分充足的环境中，无性系 7080 的粗细根表面积明显大于无性系 1 – 4 和 015 – 1（$P < 0.01$），与土壤的接触面较大，根系吸收能力较强，为 564.16 ± 25.42cm²，无性系 1 – 4 和 015 – 1 的粗细根表面积约是无性系 7080 的 70%，并且二者之间差异不显著。在重度干旱胁迫时，无性系 7080 的粗细根表面积最小，仅为 83.90 ± 8.32cm²，无性系 015 – 1 略高（96.27 ± 9.70cm²），无性系 1 – 4 的粗细根表面积最高，为 98.04 ± 7.48cm²。与正常水分条件相比，无性系 7080 的降幅最大，下降了 85.13%，无性系 1 – 4 和 015 – 1 的降幅分别为 75.20% 和 75.33%，严重干旱胁迫大大降低了粗细根与土壤的接触面积，苗木生长会受到严重影响。

楸树无性系粗细根根体积的变化趋势与粗细根根长、根表面积一致，都在严重干旱胁迫下大幅度降低。具体表现为：无性系 7080 在正常水分状况下有较高的粗细根体积（131.43 ± 6.11cm³），而在严重干旱胁迫下粗细根体积最小（$18.94 \pm 1.78\text{cm}^3$），受干旱胁迫的影响最为严重；无性系 1 – 4 和 015 – 1 的粗细根体积在正常水分条件下和严重干旱胁迫时的数值极为接近，平均为 93.06cm^3 和 21.73cm^3，二者之间不存在显著性差异，因此二者的降幅也相似，比正常水平下降了 76. 41% 和 76. 87%。无性系 7080 由于受干旱胁迫的影响较为明显，其降幅也最大，为 85. 59%。可见，干旱胁迫大幅度减少了楸树粗细根占据的土壤空间，根系传输水分和养分的能力也受到严重影响。

除了微细根和粗细根之外，严重干旱对楸树无性系粗根（根直径 d > 5mm）的形态结构也有较大影响。在正常水分条件下，楸树无性系粗根的根长大小为无性系 1 – 4（$215.55 \pm 14.14\text{cm}$）> 015 – 1（$182.39 \pm 6.00\text{cm}$）> 7080（$174.32 \pm 5.38\text{cm}$），这与正常情况下无性系 7080 微细根和粗细根中的情况不同。方差分析和多重比较的结果表明，各无性系正常水分条件下和重度干旱胁迫时期的粗根根长均存在极显著差异（$P < 0.01$）（表 3 – 5），但在严重干旱胁迫时，粗根根长最大的是无性系 015 – 1（$106.25 \pm 7.37\text{cm}$），无性系 1 – 4 其次（$90.67 \pm 3.12\text{cm}$），无性系 7080 最小（$67.80 \pm 3.77\text{cm}$）。就降幅来说，严重干旱胁迫下无性系 7080 粗根根长的降幅最大，为 61. 11%，无性系 1 – 4 下降了 57. 94%，无性系 015 – 1 的降幅最小，为 41. 74%。虽然干旱胁迫减少了楸树无性系的粗根根长，但是 3 个无性系中受影响最小的为无性系 015 – 1，无性系 7080 对逆境的响应最为迅速，受影响最大。

粗根表面积在严重干旱胁迫下也呈下降趋势。在正常水分条件下，无性系 1 – 4 的粗根表面积（$183.86 \pm 3.05\text{cm}^2$）要显著大于无性系 015 – 1（$171.34 \pm 4.19\text{cm}^2$）和 7080（$135.14 \pm 2.75\text{cm}^2$），彼此之间差异极显著（$P < 0.01$）。严重干旱胁迫下无性系 015 – 1 的粗根表面积最大，为 $93.38 \pm 7.95\text{cm}^2$，其次是无性系 1 – 4（$76.95 \pm 3.93\text{cm}^2$），无性系 7080 的最小（$52.36 \pm 5.29\text{cm}^2$），彼此之间也存在极显著差异（$P < 0.01$）。与正常水平相比，干旱胁迫对无性系 7080 粗根表面积影响较大，粗根表面积下降了 61. 25%；其次是无性系 1 – 4，下降了 58. 15%；无性系 015 – 1 的粗根表面积仅下降了 45. 50%，受严重干旱胁迫的影响最小。

楸树无性系粗根体积与粗根根长和表面积一样，在严重干旱胁迫时期也明显减少，但干旱胁迫对不同无性系的影响程度并不相同。在正常水分条件下和重度干旱胁迫时，楸树无性系粗根体积均存在极显著差异（$P < 0.01$），粗根体积大小均为无性系 015 - 1 > 1 - 4 > 7080。无性系 015 - 1 从 196.56 ± 5.15cm³ 降至 88.65 ± 7.02cm³，粗根体积减少了 54.90%；无性系 1 - 4 从 189.37 ± 2.94cm³ 降至 69.92 ± 7.40cm³，减少了 63.08%；无性系 7080 从 116.91 ± 7.15cm³ 降至 42.95 ± 3.42cm³；降幅与无性系 1 - 4 相当，表明严重干旱使得楸树无性系粗根体积大量减少，其对无性系 1 - 4 和 7080 粗根体积的影响要大于无性系 015 - 1。粗根作为储存营养物质的重要器官，其体积的减少表明储存的大分子物质都主动水解以缓解干旱胁迫，这也是严重干旱时期 3 个无性系根中可溶性糖含量大幅度上升的原因。

从根系各分级特征值所占的比重来看，在正常水分条件下，楸树无性系微细根根长分别是粗细根和粗根的 5.19 倍和 51.63 倍，微细根表面积分别是粗细根和粗根表面积的 1.67 倍和 4.93 倍。这种分级特征值的差距在严重干旱胁迫下进一步加大。严重干旱胁迫条件下微细根根长是粗细根的 25.63 倍，粗根的 116.53 倍，微细根表面积是粗细根的 6.40 倍，粗根的 8.39 倍。可见严重干旱胁迫使得楸树无性系各径级的根系特征值的差异性更加明显，由于无性系 1 - 4 和 015 - 1 的微细根根长在严重干旱下明显增加，导致微细根根长特征值所占的比重更大。而大量的根体积则主要集中在粗根中，除了无性系 7080 的根体积在粗根、粗细根和微细根中所占的比重几乎一样之外，正常水分条件下无性系 1 - 4 和 015 - 1 的粗根体积所占的比重最大，分别是粗细根和微细根的 2.07 倍和 3.62 倍，这有助于起到物理支撑的作用。而在严重干旱胁迫时期，粗细根的体积所占的比重最小，其次是微细根，粗根体积仍占有较大比重。这表明严重干旱对楸树无性系粗细根体积的影响要大于微细根，事实上除了无性系 7080 之外，干旱胁迫对无性系 1 - 4 和 015 - 1 的微细根体积几乎没有太大影响。产生这种现象的原因可能是严重干旱胁迫更倾向于抑制粗细根向粗根的形态转化，进而抑制养分储存和干物质生成。就微细根、粗细根和粗根的根长、根表面积和根体积在严重干旱胁迫时的变化幅度来说，干旱胁迫会促进无性系 1 - 4 和 015 - 1 的微细根根系长度增加，以获取更多养分和水分，但会导致其他径级根系特征值的减少，其中以粗细根的根长、根表面积、根体积的降幅最大，降幅均在74%以上，说明严重干旱胁迫对楸树无性系的粗细根的影响要大于微细根和粗根。

3.3.2.2 微细根、粗细根和粗根的根尖数、根尖长度、根尖平均长度的变化

严重干旱胁迫对楸树无性系微细根的根尖数、根尖长度、根尖平均长度均有不同程度的影响（图3-7）。楸树无性系微细根根尖数在严重干旱胁迫时均有较大幅度的增长。在正常水分条件下，无性系7080的微细根根尖数最多，显著高于其他两个无性系（$P < 0.01$），为9134 ±939 个，是无性系1−4和015−1的1.5倍。无性系1−4与015−1的根尖数为5962~5986 个，处于同一水平。在严重干旱胁迫条件下，微细根根尖数大小为无性系015−1（11691 ±666 个） > 7080（11138 ±490 个） > 1−4（10489 ±925 个），可见干旱胁迫促进了楸树无性系微细根形成大量根尖，但不同无性系的增幅有所不同。与正常水分条件相比，增幅最高的是无性系015−1，增加了96.10%，其次是无性系1−4，增幅为75.22%，无性系7080由于基数较大，仅增加了21.94%。大量的根尖有助于在有限的空间内汲取更多的水分和养料，更利于在干旱环境中生长，因此无性系015−1微细根对干旱的适应能力较强。

在正常水分条件下各无性系的微细根根尖长度存在极显著差异（$P < 0.01$），按大小可排列为无性系7080（4715.59 ±161.57cm） > 1−4（3425.80 ±153.90cm） > 015−1（2729.58 ±155.30cm）。严重干旱胁迫使得楸树无性系的微细根根尖长度大小相近，彼此间不存在显著性差异，平均为3661.82cm，但是各无性系微细根根尖长度在干旱胁迫下的变化幅度并不相同。干旱胁迫增加了无性系1−4和015−1的微细根根尖长度，增幅分别为6.02%和36.78%，无性系7080的根尖长度在干旱胁迫条件下呈下降趋势，微细根根尖长度减少了23.24%，说明严重干旱胁迫抑制了无性系7080根尖长度的伸长生长。

由于根尖长度受到根尖数量多少的影响，因此根尖平均长度更能体现根尖的发育情况。水分充足的条件下，无性系015−1的微细根根尖平均长度较小，为18.41 ±0.83mm，无性系1−4和7080的根尖平均长度极为接近，平均值为32.52mm，二者显著高于无性系015−1（$P < 0.01$）。严重干旱胁迫条件下各无性系的微细根根尖平均

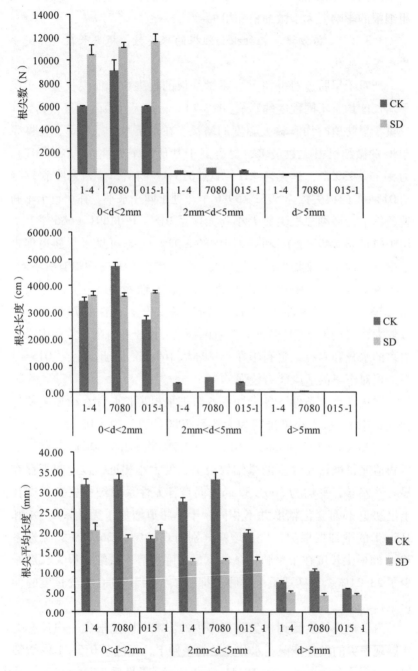

图3-7　不同干旱胁迫下楸树无性系根尖数、根尖长度、
根尖平均长度分级特征

长度差异不显著。与根尖长度的变化情况不同，严重干旱胁迫导致无性系1–4和7080的微细根根尖平均长度大幅度下降，仅无性系015–1的根尖平均长度有所增加。与正常水分条件相比，无性系1–4减少了35.90%，7080减少了43.88%，015–1增加了11.25%，表明无性系015–1的根尖在严重干旱下还能维持正常生长，而无性系7080则受到了较大影响。

与微细根特征值的变化趋势不同，严重干旱胁迫使楸树各无性系粗细根的根尖数、根尖长度和根尖平均长度均大幅度下降。正常水分条件下粗细根根尖数的大小为无性系7080(549±47个)>015–1(378±26个)>1–4(352±19个)，根据方差分析和多重比较的结果可以看出，无性系7080的粗细根根尖数明显高于无性系015–1和1–4(P<0.01)(表3-6)。严重干旱胁迫时粗细根根尖数的大小也为无性系7080>015–1>1–4，但是各无性系的降幅并不相同。无性系015–1的降幅最小，为68.37%，受干旱影响相对较小；无性系1–4和7080分别比对照减少了72.92%和76.82%，受干旱胁迫的影响较大，根尖细胞分裂受阻或死亡，严重抑制根对水分的吸收和正常的生理代谢。

楸树无性系的粗细根根尖长度在正常水分条件下和严重干旱胁迫时均存在极显著差异(P<0.01)。在正常水分条件下，无性系7080的粗细根根尖长度显著高于无性系1–4和015–1，为554.27±13.29cm。而严重干旱时期根尖长度的大小为015–1(78.43±3.34cm)>7080(76.42±3.79cm)>1–4(60.27±3.87cm)，但是各无性系的降幅有很大不同。降幅大小分别为无性系015–1(79.25%)>1–4(83.15%)>7080(86.21%)，说明干旱胁迫对各无性系粗根系的根尖长度影响均极为严重。

严重干旱同样对粗细根根尖平均长度造成了巨大影响，整体上都呈下降趋势，但各无性系的降幅并不相同。在水分充足的环境条件下，无性系7080的粗细根根尖平均长度(33.25±1.79mm)要显著高于无性系1–4(27.61±1.05mm)(P<0.01)，无性系015–1的粗细根根尖平均长度最小(19.91±0.71mm)。严重干旱胁迫使得各无性系的粗细根根尖平均长度降至同一水平，三者之间并不存在显著性差异，平均值为12.98mm。与正常水平相比，无性系015–1的降幅最小，为34.40%，无性系1–4下降了53.51%，无性系7080的

粗细根受到的影响最大，降幅为60.74%，根系生长受到严重抑制。

表3-6　不同干旱胁迫下楸树根尖数、根尖长度、根尖平均长度分级特征方差分析

根系分级	干旱梯度	无性系	根尖数（N）	根尖长度（cm）	根尖平均长度（mm）
0 < d < 2mm 微细根	CK	1 - 4	b	b	a
		7080	a	a	a
		015 - 1	b	c	b
		sig.	0.0006**	<.0001**	<.0001**
	SD	1 - 4	b	a	a
		7080	ab	a	a
		015 - 1	a	a	a
		sig.	0.0349*	0.3049	0.0771
2mm < d < 5mm 粗细根	CK	1 - 4	b	b	b
		7080	a	a	a
		015 - 1	b	b	c
		sig.	0.0025**	<.0001**	<.0001**
	SD	1 - 4	b	b	a
		7080	a	a	a
		015 - 1	a	a	a
		sig.	0.0002**	<.0001**	0.8257
d > 5mm 粗根	CK	1 - 4	a	a	b
		7080	a	a	a
		015 - 1	a	a	c
		sig.	0.8877	0.4774	0.0001**
	SD	1 - 4	b	b	a
		7080	c	c	b
		015 - 1	a	a	ab
		sig.	0.0001**	<.0001**	0.0628

从粗根的特征值来看，严重干旱胁迫也使得楸树无性系的粗根根尖数、根尖长度、根尖平均长度遭到不同程度的减少。正常水分条件下楸树无性系粗根的根尖数平均为47个，3个无性系之间并不存在显著性差异，说明在水分较充足的环境中，楸树各无性系粗根中形成的根尖数量是接近的，只有少部分用于吸收。严重干旱条件下粗根根尖数量的多少为无性系015 - 1 > 1 - 4 > 7080，与正常水平相比，分别减少了30.43%、41.73%和50.35%，无性系015 - 1受到干旱胁迫的影响较小，无性系1 - 4居中，无性系7080的粗根根

尖数量受到明显的抑制。

在正常水分条件下,楸树无性系的粗根根尖长度也不存在显著性差异,数值上表现为无性系 7080 > 1 - 4 > 015 - 1,平均值为 43.06cm。严重干旱胁迫下各无性系的粗根根尖长度均有不同程度的减小,无性系 1 - 4 降至 22.62 ± 1.10mm,无性系 7080 降至 17.36 ± 2.22mm,无性系 015 - 1 降至 28.00 ± 0.82mm,三者之间存在极显著差异($P < 0.01$)。与正常水分条件相比,无性系 7080 的降幅最大,下降了 60.40%,其次是无性系 1 - 4,减少了 47.25%,无性系 015 - 1 受到的影响相对较小,为 34.04%。这表明严重干旱抑制了楸树无性系粗根根尖的伸长生长,这种阻碍作用在无性系 7080 上最为明显,无性系 1 - 4 居中,无性系 015 - 1 还能维持一定程度的正常生长。

在正常水分条件下,楸树无性系的粗根根尖平均长度存在极显著性差异($P < 0.01$),大小可排列为无性系 7080(10.26 ± 0.78mm) > 1 - 4(7.50 ± 0.41mm) > 015 - 1(5.89 ± 0.22mm)。而干旱胁迫下各无性系的粗根根尖平均长度并不存在显著性差异,平均值为 4.56mm。严重干旱胁迫使各无性系的粗根根尖平均长度也大幅度下降,无性系 1 - 4 下降了 33.65%,无性系 7080 下降了 58.63%,无性系 015 - 1 则下降了 24.36%。就变化幅度来说,严重干旱对无性系 7080 的粗根根尖平均长度的影响要大于无性系 1 - 4,而无性系 015 - 1 受干旱胁迫的影响较小,其粗根对水分亏缺环境有一定的忍耐力和适应性。

从根系各分级特征值所占的比重来看,根尖数、根尖长度、根尖平均长度与根长、根表面积相同,根系特征值数量在微细根中所占的比重较多,在粗细根中较少,在粗根中比重最少。正常水分条件下,楸树无性系微细根根尖数量分别是粗细根和粗根的 16.47 倍和 150.59 倍;微细根根尖长度分别是粗细根和粗根根尖长度的 8.44 倍和 83.92 倍;微细根根尖平均长度是粗细根的 1.03 倍,粗根的 3.54 倍。严重干旱导致不同根系分级特征值之间的比例进一步扩大。在严重干旱胁迫时,楸树无性系微细根根尖数量变为粗细根的 98.43 倍,是粗根的 409.25 倍;微细根根尖长度是粗细根的 51.75 倍,粗根的 167.46 倍;根尖平均长度的比例变化相对较小,但也成增加趋势,微细根根尖平均长度分别是粗细根和粗根的 1.53 倍和 4.36 倍。

可以看出，根系分级特征值根尖数、根尖长度和根尖平均长度在严重干旱胁迫下的差异性更加明显，特别是严重干旱显著增加了楸树各无性系的微细根根尖数量，因此微细根根尖数量在干旱胁迫下所占的比重要比根尖长度和根尖平均长度多得多。从微细根、粗细根和粗根的根尖数量、根尖长度和根尖平均长度在严重干旱胁迫时期的变化幅度来看，严重干旱胁迫会促进楸树各无性系的微细根根尖数量增加，以吸收更多的水分来抵御干旱胁迫。无性系015-1的微细根根尖平均长度也略为增加，但无性系1-4和7080的微细根根尖平均长度呈下降趋势。不仅如此，这3个特征值在粗细根和粗根中也明显减少，相比较而言，以粗细根的根尖数量、根尖长度和根尖平均长度的降幅最大，说明严重干旱胁迫对楸树无性系的粗细根生长发育的抑制作用要大于微细根和粗根。

3.3.4　干旱胁迫对根冠比的影响

研究表明，在正常水分条件下，楸树各无性系的根冠比均小于1，无性系1-4的根冠比最大，为 0.50 ± 0.04，显著高于无性系 $7080(0.36 \pm 0.05)$ 和 $015-1(0.32 \pm 0.02)$，三者之间存在显著性差异 $(P < 0.05)$（图3-7）。重度干旱胁迫对楸树无性系的根冠比产生较大影响，各无性系根冠比的变化存在明显的基因型差异性。无性系1-4和7080的根冠比都明显减小，降幅分别是 28.11% 和 17.50%，与此相反，无性系015-1在严重干旱胁迫时的根冠比却显著升高，比正常条件增加了 16.30%。说明随着土壤水分的逐渐减少，无性系

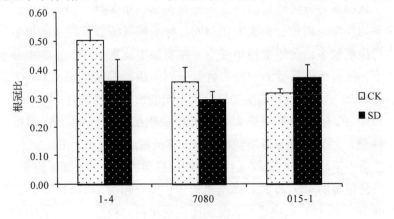

图3-7　不同楸树无性系根冠比的变化

015 - 1 减少了对叶、茎等地上部分的投入，转而将更多的物质和能量投入到地下部分供根系吸收和利用，这些变化有利于无性系 015 - 1 缓解干旱胁迫带来的不利影响，提高节约利用水资源的效率以长时间地维持其生存，表明其根系在重度干旱时对养分和水分的竞争能力要高于无性系 7080 和 1 - 4。无性系 1 - 4 的根冠比下降的最多，其根系受到干旱的影响明显高于其他无性系，适应干旱环境的能力较差。

4 楸树无性系水分生理特性

　　水分是影响树木生长的重要条件和基础，树木生长过程中95%的水分是由蒸腾作用消耗掉的（郭连生等，1989）。在干旱胁迫条件下，水势是反映植物缺水最敏感的指标之一（Mrema et al.，1997），可用来确定植物受干旱胁迫的程度和抗旱能力高低，它与土壤－植物－大气循环系统（SPAC）中的水分运动规律密切相关，是反映植物水分亏缺或水分状况的一个直接指标（单长卷等2006）。蒸腾耗水作为树木水分散失的主要途径，也是土壤—植物—大气系统（SPAC）中水分运转的关键环节或枢纽（张建国等，2000）。许多学者都对不同树种的耗水规律进行过研究，但是楸树无性系的耗水规律尚不清楚。

　　本书对3种楸树无性系在水分胁迫下的水分生理特征进行了深入分析和系统研究，包括干旱胁迫下叶水势、耗水量、耗水速率的变化，探索不同楸树无性系苗木在干旱胁迫过程中的水分生理响应，探索楸树无性系的需水规律，为在水分条件较差的地区进行楸树速生丰产林的营造提供理论依据。

4.1　楸树无性系苗木叶水势的变化规律

　　水势是近代表示水分状况的一种新概念，它的高低表明植物从土壤或相邻细胞中吸收水分以确保能进行正常的生理活动。相同水分条件下，植物水势越高，忍耐和抵抗干旱的能力越强，而水势差越大，吸收土壤有效水的能力越强。气孔叶水势反映的敏感性有2种表示方法：一种是气孔刚开始关闭时的叶水势，一种是气孔完全关闭时的叶水势。由于前者反应迅速，难判定，因此多用后者即气孔导度为零时的叶水势值($\psi_{Lg}-0$)来表示。李吉跃等(1993)的研究表明:对于高水势延迟脱水耐旱机理树种来说,高的气孔完全关闭的叶水势($\psi_{Lg}-0$)是其保持体内水分平衡能力强的一个主要特点;而对低水势忍耐脱水耐旱机理树种来说,低的 $\psi_{Lg}-0$ 值是其忍耐干旱胁迫能力强的一个重要标志。

已有研究表明,树种无性系之间的苗木叶水势有明显差异,且与试验材料有较大关系(何茜等,2010)。本书楸树无性系苗木的基本情况见表4-1。

表 4-1 楸树无性系盆栽苗木生长情况

无性系	苗高(cm)	地径(mm)	叶面积(cm^2)
1-4	138.20 ± 10.06	14.10 ± 1.38	9600.69 ± 1486.15
7080	119.99 ± 7.05	12.66 ± 1.07	10455.90 ± 616.34
015-1	110.11 ± 11.52	12.37 ± 1.57	11167.13 ± 732.80

4.1.1 叶水势对干旱胁迫的响应

黎明前水势代表了植物水分恢复状况,可以用来判断植物水分亏缺程度(张建国等,2000;曾凡江等,2002;Teskey 等,1981;Mazzoleni 等,1998)。与植物其他部位的水势相比,植物叶水势代表植物水分运动的能量水平,是植物各组织水分状况的直接表现,反映了植物在生长季节各种生理活动受环境水分条件的制约程度(付爱红等,2005)。许多学者研究发现,叶片水势与土壤水分状况之间存在非常紧密的联系,叶水势会随着土壤含水量的降低而下降(李吉跃,1991)。

楸树无性系的叶水势随着干旱胁迫的加剧呈下降趋势(图4-1)。在正常水分条件下,楸树无性系的叶水势在 -0.557 ~ -0.527MPa,平均为 -0.544MPa。当遭受干旱胁迫时(干旱3d),无性系7080和015-1的叶水势分别降至 -0.827MPa 和 -0.883MPa,维持在较高水平,而无性系1-4的叶水势则下降幅度较大,降至 -1.062MPa。干旱胁迫初期无性系1-4的叶水势就出现较为明显地下降,这说明无性系1-4在干旱胁迫初期的水分亏缺使其植物组织含水量下降得比无性系7080和015-1更多,因而水流阻力增加,水势下降较快(Sobrado 等,1983)。随着干旱胁迫的发展(干旱6d),各无性系的

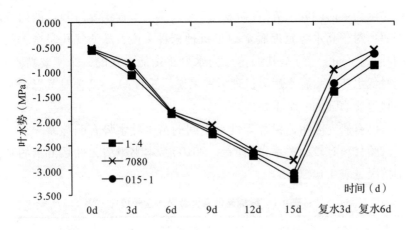

图 4-1　逐步干旱及复水处理不同楸树无性系苗木叶水势

叶水势下降至 -1.802 ~ -1.850MPa；当干旱胁迫进一步发展时(干旱 9d)，各无性系的叶水势下降幅度开始出现较大差异，其中，无性系 7080 的叶水势下降幅度较小，降到 -2.092MPa，而无性系 1 - 4 的叶水势下降幅度最大，降至 -2.265MPa，无性系 015 - 1 的叶水势居中，降为 -2.220MPa；当干旱胁迫发展到严重程度时(干旱 12d)，各无性系的叶水势进一步下降，降至 -2.593 ~ -2.712MPa；而当干旱胁迫发展到相当严重时(干旱 15d)，各无性系的叶水势均降至最低值，其中以无性系 1 - 4 的叶水势最低(-3.185MPa)，无性系 015 - 1 次之(-3.062MPa)，无性系 7080 的叶水势在三者中居于较高水平，为 -2.808MPa。这些变化表明在干旱胁迫条件下，楸树无性系能够通过降低其叶片水势来调节苗木水势和土壤水势之间的水势梯度，从而增加其吸水能力，这是对土壤干旱胁迫的积极响应和适应。复水后，楸树无性系的叶水势均迅速升高。复水初期(复水 3d)，无性系 7080 的叶水势就恢复至 -0.967MPa，达到干旱胁迫初期(干旱 3d)的水平，而无性系 015 - 1 和 1 - 4 分别恢复至 -1.243MPa 和 -1.412MPa，恢复相对较为缓慢。随着复水时间的推移(复水 6 d)，无性系 7080 的叶水势已经恢复到正常水分的水平，无性系 015 - 1 的叶水势恢复至 -0.640MPa，也接近正常水分时的水势值，而无性系 1 - 4 的叶水势却只恢复到 -0.873MPa，与正常水分条件下的叶水势尚有一段距离，还处于干旱胁迫初期状态。由此可见，不同楸树无性系对干旱胁迫有不同的水分生理响应。

表4-2　干旱胁迫下楸树无性系叶水势方差分析表

无性系	叶水势(MPa)							
	0d	3d	6d	9d	12d	15d	复水3d	复水6d
1-4	a	c	a	b	b	b	c	c
7080	a	a	a	a	a	a	a	a
015-1	a	b	a	ab	a	b	b	b
sig.	0.1117	<.0001**	0.1916	0.0663	0.0157*	0.0060**	<.0001**	<.0001**

注：表中字母代表 DUNCAN 多重比较的结果，＊表示方差分析的结果存在显著差异($P<0.05$)＊＊表示方差分析的结果有极显著差异($P<0.01$)。下同。

　　楸树无性系在干旱胁迫及复水过程中，各无性系叶水势之间的变化差异十分明显(表4-2)。在水分正常条件下，各无性系的叶水势并不存在显著性差异，均处于正常水平(-0.544 ± 0.015MPa)。当遭受干旱胁迫后，楸树无性系均会对干旱胁迫产生不同的水分生理响应，在干旱胁迫初期(干旱3d)就显示出极显著差异($P<0.01$)，说明楸树无性系的叶水势对干旱胁迫的反应很敏感，且无性系之间差异显著；随着干旱胁迫的发展，这种差异渐渐减小，表现在干旱胁迫中期(干旱6~9d)，楸树无性系之间的叶水势差异不显著；但到了干旱胁迫后期(干旱12~15d)至复水后期(复水6d)，各无性系之间的差异越来越明显，叶水势值均存在显著性差异。而在整个干旱胁迫及复水过程中，无性系7080的叶水势一直高于其他两个无性系(015-1和1-4)，表明无性系7080在整个干旱胁迫中都保持较好的水分状况，而且复水后水分状况恢复也最快，表现出对干旱胁迫更好的水分生理响应机制。与之相反，无性系1-4在整个干旱胁迫中其叶水势值都一直最低，复水后其叶水势也恢复最慢，反映出受到的干旱胁迫影响最大。

　　总的来说，楸树无性系的叶水势在逐渐干旱和恢复浇水的过程中呈现先下降后上升的趋势，而无性系之间的差异性主要体现在叶水势的下降幅度、下降速率及恢复程度的不同，从而体现了它们对干旱胁迫不同的水分生理响应和耐旱能力的差异。在3个楸树无性系中，无性系7080的叶水势较正常下降的最慢，变化幅度最小，复水后叶水势最先恢复至正常水平，表明无性系7080不易受到干旱胁迫的影响，适应干旱胁迫的能力较强，水分状况恢复能力也较强；

其次为无性系 015 - 1，叶水势下降较慢，复水后恢复的较慢，说明其在一定程度上也能适应较为干旱的胁迫环境。无性系 1 - 4 叶水势下降最快，且下降幅度最大（最低降至 - 3. 185 MPa），复水后也不能迅速恢复到正常水分状态，表明与无性系 7080 和 015 - 1 相比，无性系 1 - 4 更易受到干旱胁迫的影响，复水后恢复能力较弱，耐旱性较差，不易在极端干旱的环境中生长。

4.1.2　干旱胁迫时期的划分

本书根据土壤质量含水量占田间含水量的百分比以及不同时期楸树无性系叶水势的变化情况，对楸树无性系水分梯度进行了划分（表4-3）。第 0d 为对照时期（CK），苗木没有受到干旱胁迫，土壤含水量约为田间含水量的 85%，叶水势在 - 0. 5～ - 0. 6MPa 之间；干旱胁迫开始第 3d 为轻度干旱时期（LD），土壤含水量占田间含水量的 60% 左右，叶水势在 - 0. 8～ - 1. 2MPa 之间；干旱胁迫开始第 6～9d 为中度干旱时期（MD），土壤含水量占田间含水量的 20%～40%，叶水势在 - 1. 8～ - 2. 5MPa 之间；干旱胁迫开始第 12～15d 为重度干旱时期（SD），土壤含水量占田间含水量的 10% 左右，叶水势在 - 2. 5～ - 3. 2MPa 之间。

表4-3　不同干旱胁迫时期的划分

类别	无性系	干旱胁迫（d）					
		0 d	3 d	6 d	9 d	12 d	15 d
质量含水量 （%）	1 - 4	45. 26	30. 33	19. 32	12. 00	8. 00	5. 61
	7080	46. 68	33. 59	21. 84	15. 24	8. 13	5. 81
	015 - 1	47. 29	32. 45	20. 70	13. 12	7. 77	5. 10
占田间持水量的 百分比（%）	1 - 4	84. 10	56. 35	35. 89	22. 30	14. 86	10. 42
	7080	86. 74	62. 41	40. 57	28. 31	15. 11	10. 79
	015 - 1	87. 86	60. 29	38. 46	24. 39	14. 44	9. 48
叶水势 （MPa）	1 - 4	- 0. 557	- 1. 062	- 1. 850	- 2. 265	- 2. 712	- 3. 185
	7080	- 0. 527	- 0. 827	- 1. 802	- 2. 092	- 2. 593	- 2. 808
	015 - 1	- 0. 550	- 0. 883	- 1. 830	- 2. 220	- 2. 638	- 3. 062
干旱梯度		CK	轻度干旱（LD）		中度干旱（MD）		重度干旱（SD）

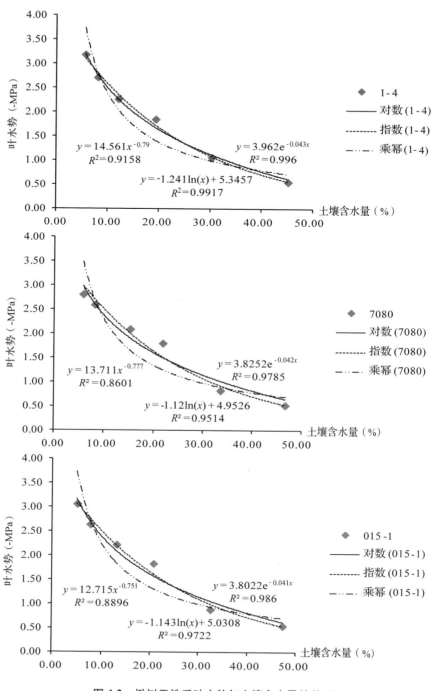

图4-2　楸树无性系叶水势与土壤含水量的关系

4.2 楸树无性系叶水势与土壤含水量的关系

许多研究表明土壤含水量和树木叶水势之间存在明显的相关性，土壤含水量的降低会引起树木叶水势的变化。为了进一步了解二者之间的相互关系，本书以土壤含水量为自变量 x，叶水势为因变量 y，分别用对数、指数和乘幂三种拟合方式对二者的相关性做了拟合。具体的拟合情况、拟合方程、相关系数见图 4-2 和表 4-4。

表 4-4 楸树无性系苗木叶水势与土壤含水量的关系

无性系	拟合方程	相关系数	拟合方式
1 – 4	$y = -1.241\ln(x) + 5.3457$	$R2 = 0.9917$	对数
	$y = 3.962e^{-0.043x}$	$R2 = 0.9960$	指数
	$y = 14.561x^{-0.79}$	$R2 = 0.9158$	乘幂
7080	$y = -1.12\ln(x) + 4.9526$	$R2 = 0.9514$	对数
	$y = 3.8252e^{-0.042x}$	$R2 = 0.9785$	指数
	$y = 13.711x^{-0.777}$	$R2 = 0.8601$	乘幂
015 – 1	$y = -1.143\ln(x) + 5.0308$	$R2 = 0.9722$	对数
	$y = 3.8022e^{-0.041x}$	$R2 = 0.9860$	指数
	$y = 12.715x^{-0.751}$	$R2 = 0.8896$	乘幂

研究表明，楸树无性系叶水势与土壤含水量之间的关系可用对数、指数、乘幂拟合（图 4-2 和表 4-4），其中以对数和指数的相关系数最高，$R^2 > 0.9$，乘幂略低。分析表明指数关系最能代表楸树 3 个无性系在干旱胁迫下叶水势与土壤含水量之间的关系。这与其它树种的研究结果有所不同（郭连生等，1992；李吉跃等，1993）。就曲线整体趋势来讲，叶片水势均随着土壤含水量的减小而下降。但各无性系有所差异，无性系 7080 的土壤含水量下降最慢，在干旱胁迫下仍能保持较高的叶水势，无性系 015 – 1 次之，无性系 1 – 4 在轻度干旱时期叶水势的降幅就大于其他无性系，表明在 3 个无性系中，干旱胁迫对无性系 1 – 4 的影响最为显著，无性系 7080 受到的影响最小。由此可见，树木叶水势与土壤含水量之间的关系在种间和种内都是有差异的，而这种差异揭示了不同树种或是同一树种不同无性系的叶水势对土壤含水量的变化会有不同的响应方式，这对我们比较种间或种内的耐旱性具有非常重要的意义。

楸树无性系蒸腾耗水特性 5

　　蒸腾耗水作为树木水分散失的主要途径，是土壤－植物－大气系统（SPAC）中水分运转的关键环节或枢纽（张建国等，2000）。植物的蒸腾耗水特性是植物利用水分状况的最直接体现，也是决定植物抗旱性能差异的一个重要评价指标。掌握了树木的需水量和需水规律，可以有效提高水分利用效率，合理选择造林树种，确定合理的造林密度，对人工林分稳定性评价及防护林体系优化配置等具有重要意义，是林业生态治理工程建设技术中最关键的问题（周平等，2002；胡新生等，1998；郭连生等，1992）。

　　目前对于树木蒸腾耗水的研究尺度主要集中在叶片水平、单株（个体）水平、林分（群落）水平和区域（景观）水平4个层次进行（孙鹏森等，2000）。广义地说，树木个体耗水性指的是树木根系吸收土壤中的水分并通过叶片蒸腾耗散的能力。林分群体耗水量包括林木蒸腾耗水量和林地地表蒸发耗水量两部分，因此受林分结构、组成和立地条件的影响。与其他尺度研究相比，单株水平的研究方法最多，手段也最成熟，可以用来估计林分或树林的蒸腾在整个水文过程中的作用，量化认识短轮伐期森林的需水量大小等实际问题（Fritschen et al.，1973），因而在众多方法中，单株水平的研究是目前对树木耗水特性研究的主要方向和研究热点。主要测定方法有：蒸渗仪法、容器法、茎流计法、示踪同位素法、风调室法、热脉冲法等。这些方法分别应用物理学、生理学、能量平衡、水量平衡、红外遥感和数字分析技术等来计算树木的耗水，各有优缺点。

　　在众多方法中，整树容器法首先由 Ladefoged 提出，Roberts 和 Knight 等分别进行过实际应用和测定。刘奉觉等（1997）应用该方法对2年生和6年生的杨树进行过耗水研究，具体为在凌晨时将树木从地面处锯断，移入盛有水的容器中，通过记录容器中水分减少的数量来测定整株林木的蒸腾耗水量，然而该方法会严重影响树木正常的生理活动。对苗木而言，目前应用较广泛的用盆栽称重法测定不同树种苗木的蒸腾耗水量，是一种改进的整树容器法（李吉跃等，2002）。由于受环境综合因素的影响，树木的蒸腾耗水特性随时随地发生变化，而盆栽法则可以灵活控制灌水量以及控制光照、温度、湿度等影响因素，因此，通过盆栽方式来测定不同树种的水分生理特性以及由此筛选出来的节水性良好的树种其意义十分重大，对后期的工作有很强的指导性。

关于植物的蒸腾耗水，国内外很多学者都做了大量的研究，近些年速生树种的水分消耗和利用问题也成为大家的研究热点。何茜（2008）得出速生树种毛白杨是高耗水树种，无性系间耗水量和耗水速率差异显著，可以根据不同的造林目的筛选节水抗旱的无性系；华雷等（2014）对桉树无性系和华南乡土树种秋枫苗木耗水特性进行了比较，桉树无性系均表现出高光合、高蒸腾的特性，但其耗水速率相对较低，水分利用效率较高，是节水性能优良的速生树种。因此，了解并掌握楸树的耗水规律有助于我们筛选出节水抗旱型无性系，为在水分条件较差的地区进行楸树速生丰产林的营造提供理论依据。

5.1 不同无性系蒸腾耗水量及耗水速率比较

5.1.1 蒸腾耗水量及耗水速率比较

楸树3个无性系的日总耗水量及昼夜耗水量数值均较为接近（表5-1），从数值上看，日总耗水量大小为：无性系7080（1568.3 g/d）>015-1（1566.5 g/d）>1-4（1547.1 g/d）；白天耗水量大小为：无性系015-1（1508.0 g/d）>7080（1505.0 g/d）>1-4（1489.3 g/d）；3种无性系的夜晚耗水量较小，介于57.8~63.3 g/d之间。各无性系苗木白天耗水量占全天耗水量的比例分别为：无性系1-4（96.26%）、7080（95.96%）、015-1（96.27%），可见楸树无性系苗木的耗水量主要来源于白天的蒸腾耗水，这一结论与招礼军（2003）、朱妍等（2006）、何茜等（2010）采用同种方法对侧柏、油松、白蜡、丁香、国槐、毛白杨等树种进行蒸腾耗水研究得出的这一比例在90%左右的结论一致。方差分析的结果显示不存在显著性差异，说明同一树种不同无性系苗木的水分消耗情况较为一致。

表5-1 楸树不同无性系盆栽苗木日耗水量

无性系	耗水量(g/d)	
	白昼	全天
1 – 4	1489.3 ± 179.0	1547.1 ± 185.9
7080	1505.0 ± 121.3	1568.3 ± 127.7
015 – 1	1508.0 ± 117.9	1566.5 ± 123.2
平均值	1500.7	1560.6

注：表中数据格式为平均值 ± 标准差。

虽然楸树无性系的日总耗水量不存在显著性差异，但与其他树种相比，楸树苗木具有很高的蒸腾耗水量，属高耗水树种(表5-2)。根据段爱国等(2009)对金沙江干热河谷植被恢复树种盆栽苗蒸腾耗水特性的研究结果可以看出，在充分供水条件下，楸树无性系白天12h的平均蒸腾耗水量分别是大叶相思、马占相思、圆柏、墨西哥柏、尾叶桉、兰桉、赤桉、黑荆的3.01、6.47、4.90、4.02、4.34、2.65、3.53、2.38倍；何茜(2008)通过对毛白杨抗旱节水优良无性系评价与筛选得出19个毛白杨无性系盆栽苗在正常水分条件下的白天平均蒸腾耗水量为176.0 g/d，仅为楸树的11.73%，其中最大的BL8的日耗水量为268.9 g/d，也远远低于楸树无性系的平均蒸腾耗水量。

蒸腾耗水量在一定程度上能很好的表现不同树种或同一树种不同无性系之间耗水量的大小，但不同树种的耗水量还与该树种的叶面积和叶片蒸腾强度有很大关系。而树种的叶面积是不稳定因子，会随着苗木的年龄、生长状况及种类的不同而发生变化。因此在环境条件一致的条件下，我们还需要引入耗水速率这一稳定性指标。蒸腾耗水速率是指树种单位时间单位叶面积上的苗木耗水量，它是树种的内在水分生理特征，具有遗传稳定性，能更好地比较楸树各无性系之间、楸树与其他树种之间的耗水特性。

表5-2　不同树种盆栽苗木日耗水量

树种	拉丁学名	白天耗水量 （g/d）	白天平均耗水速率 ［mmol/（m² · s）］
大叶相思	*Acacia auriculaeformis* A. Cunn.	498.5	1.82
马占相思	*Acacia mangium* Willd.	232.1	2.45
圆柏	*Sabina chinensis*（L.）Ant.	306.5	1.14
墨西哥柏	*Cupressus lusianica* Mill.	373.0	0.95
尾叶桉	*Eucalyptus urophylla* S. T. Blake.	345.9	1.61
兰桉	*Eucalyptus globulus* Labill.	566.0	2.19
赤桉	*Eucalyptus camaldulensis* Dehn.	424.8	1.38
黑荆	*Acacia mearnsii* De. Wild.	631.7	1.84
毛白杨	*Populus tomentosa* Cart.	176.0	2.50
楸树	*Catalpa bungei* C. A. Mey.	1500.7	1.87

注：表中大部分数据来源于段爱国等（2009）对金沙江干热河谷植被恢复树种盆栽苗蒸腾耗水特性的研究结果。

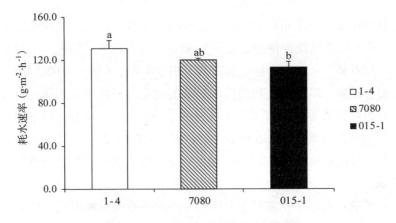

图5-1　不同楸树无性系蒸腾耗水速率

图中的小写字母为 DUNCAN 多重比较的结果，不同字母表示差异显著，相同字母表示不存在显著性差异，下同。

研究表明，楸树3个无性系蒸腾耗水速率的大小为：无性系 1 - 4［130.4 ± 7.5g/（m² · h）］ > 7080［119.8 ± 1.7 g/（m² · h）］ > 015 - 1［112.9 ± 5.6 g/（m² · h）］，方差分析和多重比较的结果显示各无性系的蒸腾耗水速率具有明显差异（图5-1）。蒸腾耗水速率反映了植物调节自身水分损耗能力和在不同环境中的实际耗水能力，比耗水量更具可比性。相比较而言，无性系 1 - 4 具有较高的耗水速率，较小的整株叶面积，比无性系 7080 和 015 - 1 需要更好的水分环境。

楸树无性系平均耗水速率为 121.1 g/（m² · h）[即 1.87 mmol/（m² · s）]，这个数值远远低于毛白杨无性系的平均值以及部分阔叶、针叶类树种，与黑荆等灌木树种相当（段爱国等，2009；何茜，2008）。可见单株耗水量大的苗木，其耗水速率不一定大，在造林中应该综合考虑树种的耗水量和耗水速率两方面因素，而不仅仅是单纯选择耗水量小的树种。楸树这一高耗水树种因其具有较低的蒸腾耗水速率，也能适应较一定的干旱环境，因此，在干旱地区进行造林时，可以优先考虑楸树这一节水性能较强的树种。

5.1.2 蒸腾耗水量及耗水速率日变化规律

由于苗木的主要耗水量来自于白天的蒸腾耗水，因此要研究苗木的蒸腾耗水特性还应当重点研究苗木白天的蒸腾耗水状况。从这个角度上来讲，必须科学地研究出苗木在白天不同时段的实际蒸腾耗水进程，即耗水量的日变化，才能了解苗木在特定环境条件下某一时刻的需水特性。

所有供试楸树无性系苗木蒸腾耗水量的日变化均呈明显的单峰型曲线（图5-2），表现为先上升后下降的规律，3 个无性系的耗水量峰值均出现在 12：00～14：00 时段，其次是 14：00～16：00，18：00～20：00 时段的耗水量最低。无性系 015 - 1 的峰值最大，为 381.6g/h，其次是无性系 7080（367.8g/h）和 1 - 4（365.1 g/h）。从

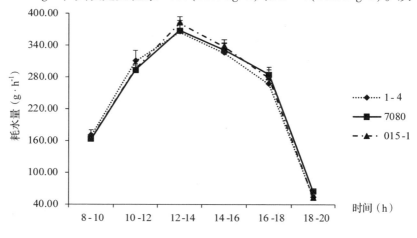

图5-2 不同楸树无性系耗水量日变化

耗水量日变化的规律可以看出，12：00~14：00 是楸树无性系苗木的潜在最大耗水时期。

蒸腾耗水作为调节苗木体内水分平衡的主要环节，是对变化着的环境的适应，与环境因子关系密切。李红丽（2003）等对浑善达克沙地植物蒸腾特征的研究表明影响蒸腾速率的主要因子为光照强度、气温以及空气相对湿度，蒸腾速率与各因子间呈线性相关。刘淑明（1999）等对油松蒸腾速率与环境因子关系的研究则认为叶片细胞间的水汽压与空气中的水汽压差减小会导致水分子的扩散速率减慢，空气湿度增加，进而使蒸腾速率下降，他认为空气湿度为30%左右时，蒸腾作用最强。为此我们在耗水测定的同时对环境温度和空气相对湿度进行了分析（图5-3）。在所有测定时间里，一天当中的最高温度为出现在 14：00（37.1℃），此时也是空气相对湿度最低值（34.7%）出现的时刻，8：00 和 20：00 的温度较低，相对湿度较高。从耗水量日变化的规律我们可以看出，温度及相对湿度的日变化分别与耗水量日变化呈反相关关系和正相关关系，即苗木蒸腾耗水量随温度的升高、相对湿度的降低而增大。这充分说明树木的蒸腾耗水在很大程度上会受到温湿度的影响，特别是最高温度与耗水量峰值之间有着密切的关系。把握树木蒸腾耗水时环境因子的变化，对研究其耗水特性具有极其重要的意义。

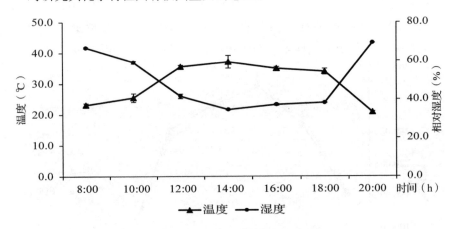

图 5-3　空气温度和相对湿度的日变化

与耗水量日变化特征相似，楸树各无性系耗水速率日变化也呈单峰型曲线，表现为先上升后下降，峰值均出现在 12：00~14：00

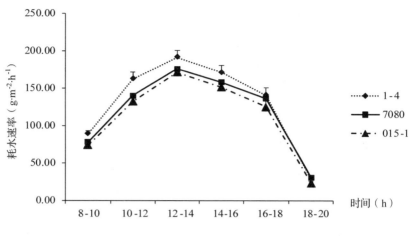

图5-4 不同楸树无性系耗水速率日变化

时(图5-4)。此时段3个无性系苗木的最高蒸腾耗水速率大小为：无性系 1 – 4 [191.5g/(m² · h)] > 7080 [175.8 g/(m² · h)] > 015 – 1 [171.4 g/(m² · h)]，无性系 1 – 4 的耗水速率明显高于其他两个无性系，这与各无性系本身的整株叶面积有很大关系。

值得注意的是，各无性系耗水速率日进程中，最大耗水速率与白天平均耗水速率成稳定的比例关系。最大耗水速率与白天平均耗水速率的比值为1.48。而在以前用同一方法对苗木耗水量进行研究的工作中，招礼军(2003)得出油松、侧柏、黄栌和火炬树一天中最大耗水速率与白天耗水速率平均比值为1.6，朱妍(2006)得出油松、侧柏、丁香、黄杨、白蜡和国槐的最大耗水速率与白天耗水速率平均比值为1.6，王玉涛(2006)得出5个沙柳种源苗木最大耗水速率与白天平均耗水速率的比值平均为1.56，何茜(2008)得出毛白杨无性系耗水日变化呈"单峰"型时，最大耗水速率 = 白天耗水速率×1.5的结论一致，可见最大耗水速率与白天平均耗水速率之间可能存在着稳定的比例关系，具体内在联系尚不清楚，值得进一步深入研究。但我们可以通过测定同种苗木某一时段的耗水速率有效推算出耗水量，进而推算出全天耗水量，这有助于我们有效的计算苗木耗水量并减少实际工作量。

5.2 干旱胁迫对楸树无性系苗木耗水特性的影响

树木的蒸腾耗水特性是树木利用水分状况的最直接体现，也是决定树木抗旱性能差异的一个重要评价指标。掌握了树木的需水量和需水规律，可以有效提高水分利用效率，合理选择造林树种，确定合理的造林密度，对人工林优化配置及稳定性评价具有重要意义，是人工林培育技术中最为关键的问题之一（周平等，2002；胡新生等，1998；郭连生等，1992）。关于树木的蒸腾耗水，国内外很多学者做了大量的研究，而且研究方法也越来越多样化（刘海军等，2007；岳广阳等，2006；周海光等，2008；Schlte 等，1983；Welander 等，2000）。在干旱胁迫下，苗木的蒸腾速率一般都大幅度下降（李吉跃等，2002；张迎辉等，2005；赵燕等，2008），不同的树种蒸腾速率下降的速率也不相同。

5.2.1　不同干旱胁迫下苗木蒸腾耗水量的变化

树木耗水主要包括树木蒸腾和土壤蒸发两部分，盆栽土壤经覆膜密封处理后，苗木自身的蒸腾耗水是其向外界失水的唯一途径，并由此使苗木遭受到不同程度的水分胁迫。随着干旱胁迫的发展，不同树木的蒸腾耗水量也随之发生不同程度的变化，耗水量通常会大幅度下降。3 个楸树无性系的日总耗水量及昼夜耗水量在不同水分胁迫时期，表现出一定的差异性（表5-3）。就整体趋势来看，3 个无性系的日总耗水量均与干旱胁迫程度呈反比关系，即随着干旱胁迫的发展，3 个无性系的日总耗水量均随之减少。在正常水分条件下，3 个无性系的日总耗水量均比较大，其大小为：无性系 7080（1568.3 g/d）> 无性系 015 – 1（1566.5 g/d）> 无性系 1 – 4（1547.1 g/d）。虽然 3 个无性系的日总耗水量不存在显著性差异，但与其他树种相比，楸树苗木具有很高的蒸腾耗水量，属高耗水树种（表5-1）。根据段爱国等（2009）对金沙江干热河谷植被恢复树种盆栽苗蒸腾耗水特性的研究结果可以看出，在充分供水条件下，楸树无性系白天 12h 的平均蒸腾耗水量分别是大叶相思、马占相思、圆柏、墨西哥柏、尾叶桉、兰桉、赤桉、黑荆的 3.01、6.47、4.90、4.02、4.34、2.65、3.53、2.38 倍；何茜（2008）通过对毛白杨抗旱节水优良无性系评价与筛选的研究发现，17 个毛白杨无性系盆栽苗木在正常水分条件下的白天平均蒸腾耗水量为 177.3 g/d，仅为楸树的 11.81%，其中最大的无性系 shanxi 的日耗水量为 304.9 $g \cdot d^{-1}$，也远远低于楸树无性系的平均蒸腾耗水量（表5-4）。

表 5-3　不同水分胁迫时期耗水量(g/d¹)

无性系	CK		LD		MD		SD	
	白天	全天	白天	全天	白天	全天	白天＊＊	全天＊＊
1 – 4	1489.3 ± 179.0	1547.1 ± 185.9	1205.6 ± 63.8	1277.1 ± 62.2	167.6 ± 88.5	180.1 ± 91.1	28.0 ± 1.1	24.6 ± 0.6
7080	1505.0 ± 121.3	1568.3 ± 127.7	1201.3 ± 96.1	1274.9 ± 94.7	176.5 ± 33.0	188.7 ± 34.2	41.3 ± 7.2	40.5 ± 8.2
015 – 1	1508.0 ± 117.9	1566.5 ± 123.2	1283.1 ± 88.0	1355.9 ± 88.3	145.7 ± 34.9	157.1 ± 36.8	28.3 ± 3.2	25.0 ± 3.1
平均	1500.7	1560.6	1229.0	1302.6	163.3	175.3	32.5	30.0

注：表中数据格式为平均值±标准差，＊＊表示方差分析的结果有极显著差异($P < 0.01$)

当苗木受到轻度干旱(LD)胁迫时，楸树无性系苗木的平均日总耗水量降至正常水分条件下的 83.47%，各无性系降幅从大到小依次为无性系 7080(18.71%) > 无性系 1 – 4(17.46%) > 无性系 015 – 1 (13.44%)，这表明在受到轻度水分胁迫时，无性系 7080 能更快的通过降低自身蒸腾耗水量来适应干旱的环境条件。进入中度干旱(MD)胁迫时，各无性系的日总耗水量均出现极大幅度的下降，无性系 1 – 4、7080、015 – 1 分别下降至正常水分的 11.64%、12.03%、10.03%，是轻度干旱的 14.10%、14.80%、11.59%。耗水量的急剧下降是各无性系对干旱环境条件做出的积极响应，不但叶片由平展状态转为下垂状态，减少了阳光垂直照射的面积，而且各无性系也通过关闭气孔，降低蒸腾作用，调节蒸腾耗水的大小以维持自身的水分平衡。Forseth 和 Ehleringer(1980)的研究表明，在干旱胁迫下叶子的这种避光性运动会持续到植物到达萎蔫点。进入重度干旱(SD)时，无性系 1 – 4、7080、015 – 1 的日总耗水量仅为正常水分的 1.59%、2.58%、1.60%，大部分盆栽苗木的叶片脱落数量增加，苗木顶端萎蔫并下垂，气孔几乎完全关闭。根据黄颜梅等(1997)的研究表明，随着干旱胁迫的发展，气孔关闭是植物蒸腾下降的主要因素。不同于其他干旱胁迫时期，各无性系的日总耗水量在 SD 时期存在极显著性差异($P < 0.01$)，无性系 7080 的日总耗水量(40.5 ± 8.2 g/d)显著高于无性系 1 – 4 和 015 – 1，说明在水分亏缺相当严重的极端条件下，无性系 7080 还能维持较高的蒸腾耗水量，具有较强的适应干旱环境的能力。总的来说，楸树这种高耗水树种在受到干旱胁迫时，也会通过调整叶片运动方向、逐渐关闭气孔等方式来降低蒸腾耗水，通过改变自身叶片运动和气孔调节来适应这一环境胁

迫，且中度干旱是耗水量下降幅度最大的胁迫时期。在 3 个楸树无性系中，无性系 7080 以其在干旱胁迫初期有较大的耗水量降幅和在严重干旱时期仍能保持较高的耗水量，因而表现出较强的耐旱性，无性系 015 – 1 次之，无性系 1 – 4 较差。

表5-4　不同树种盆栽苗木日耗水量

树种	拉丁学名	白天耗水量（g/d）
大叶相思	*Acacia auriculaeformis* A. Cunn.	498. 5
马占相思	*Acacia mangium* Willd.	232. 1
圆柏	*Sabina chinensis*（L.）Ant.	306. 5
墨西哥柏	*Cupressus lusianica* Mill.	373. 0
尾叶桉	*Eucalyptus urophylla* S. T. Blake.	345. 9
兰桉	*Eucalyptus globulus* Labill.	566. 0
赤桉	*Eucalyptus camaldulensis* Dehn.	424. 8
黑荆	*Acacia mearnsii* De. Wild.	631. 7
毛白杨	*Populus tomentosa* Cart.	177. 3
楸树	*Catalpa bungei* C. A. Mey.	1500. 7

注：表中大部分数据来源于段爱国等（2009）对金沙江干热河谷植被恢复树种盆栽苗蒸腾耗水特性的研究结果。

从不同时期楸树无性系昼夜耗水量占日总耗水量的比例来看，苗木在不同的干旱胁迫时期，其昼夜耗水量有很大的差异，而且不同无性系表现出的差异性也有所不同。在不同的水分梯度下，各无性系白天耗水量占全天耗水量的比例分别为：无性系 1 – 4（CK：96. 26%，LD：94. 41%，MD：93. 07%，SD：113. 98%），7080（CK：95. 96%，LD：94. 22%，MD：93. 54%，SD：102. 18%），015 – 1（CK：96. 27%，LD：94. 40%，MD：92. 73%，SD：112. 92%）（表5-4），可见楸树无性系苗木的耗水量主要来源于白天的蒸腾耗水。在正常水分、轻度及中度干旱时期，各无性系白天耗水量并不存在显著性差异，但进入重度干旱胁迫时，无性系 7080 的白天耗水量显著高于无性系 1 – 4 和 015 – 1（$P < 0.01$）。无性系间的这种差异性变化说明各无性系在受到干旱胁迫时对干旱程度的忍耐性是不同的。总的来说，各无性系苗木白天耗水量要远远高于夜间的耗水量，随着干旱胁迫的进一步发展，各无性系苗木的昼夜耗水量均呈下降趋势。特别是在重度干旱胁迫时期，苗木夜间耗水量越来越小，部

分无性系苗木出现被动吸水现象，使得各无性系在夜间的平均耗水量为负值，说明当土壤干旱到一定程度且植物遭受严重干旱胁迫时，在空气湿度较大的情况下，在植物－大气系统，水分运动的方向有可能与蒸腾作用耗水的方向相反。

5.2.2　不同干旱胁迫下苗木耗水速率的变化

蒸腾耗水量在一定程度上能很好的表现不同树种或同一树种不同无性系之间耗水量的大小，但不同树种的耗水量还与该树种的叶面积和叶片蒸腾强度有很大关系。而树种的叶面积是不稳定因子，会随着苗木的年龄、生长状况及种类的不同而发生变化。因此在环境条件一致的条件下，我们还需要引入耗水速率这一稳定性指标。蒸腾耗水速率是指树种单位时间单位叶面积上的苗木耗水量，它是树种的内在水分生理特征，具有遗传稳定性，能更好的比较楸树各无性系之间的耗水特性。

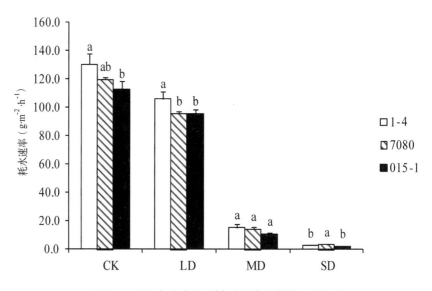

图5-5　不同水分胁迫下楸树无性系蒸腾耗水速率

图中的小写字母为DUNCAN多重比较的结果，不同字母表示差异显著，相同字母表示不存在显著性差异，下同

通过比较发现，在不同的水分条件下，楸树各无性系的蒸腾耗水速率具有明显的差异，并随着干旱程度的加剧呈明显的下降趋势（图5-5）。在正常的水分条件下，3个楸树无性系蒸腾耗水速率的大

小为：无性系 1 -4[130.4 ±7.5g/（m² · h）] > 7080[119.8 ±1.7 g/
（m² · h）] > 015 -1[112.9 ±5.6 g/（m² · h）]，平均为 121.1 g/（m² ·
h）[即 1.87 mmol/（m² · s）]，这个数值远远低于毛白杨无性系的平
均值以及部分阔叶、针叶类树种，与黑荆等灌木树种相当（段爱国
等，2009；何茜，2008）。这说明楸树这一高耗水树种在水分充足的
情况下并不需要消耗大量的土壤水分，蒸腾耗水速率较低，能适应
比较干旱的生长环境。

　　在轻度干旱（LD）胁迫时，楸树无性系苗木的蒸腾耗水速率降至
正常水分条件下的 81.92%，高于耗水量的下降幅度，说明轻度干旱
胁迫并没有对供试苗木叶片生长造成太大影响。其中下降幅度最大
的是无性系 7080（20.19%），其次是无性系 1 -4（18.37%），无性系
015 -1 的下降幅度最小，为 15.33%。这表明无性系 7080 对干旱胁
迫的响应最为敏感，在受到轻度水分胁迫时就通过迅速降低耗水速
率来适应干旱环境胁迫。多重比较的结果说明，无性系 1 -4 在正常
水分条件和轻度干旱时的耗水速率都显著高于其他两个无性系，与
耗水量的研究结果一致。中度干旱胁迫（MD）是各无性系的蒸腾耗水
速率发生大幅度下降的时期，与正常水分条件相比，无性系 7080、
1 -4、015 -1 分别下降了 88.16%、88.23%、90.42%。但多重比较
结果显示，在这个时期，各无性系的耗水速率并不存在显著性差异，
说明中度干旱对楸树无性系产生了较大影响，使得无性系苗木耗水
速率急剧下降并越来越接近。进入重度干旱胁迫（SD）时期，由于气
孔几乎完全关闭，无性系 7080、1 -4、015 -1 的耗水速率仅为正常
水分的 2.76%、1.89%、1.87%，并且 3 个楸树无性系的蒸腾耗水
速率存在极显著性差异，无性系 7080 的耗水速率[3.3 ±0.3 g/（m² ·
h）]显著高于无性系 1 -4[2.5 ±0.1 g/（m² · h）]和 015 -1[2.1 ±
0.1 g/（m² · h）]。蒸腾耗水速率反映了树木调节自身水分损耗能力
和在不同环境中的实际耗水能力，比耗水量更具可比性。相比较而
言，在正常水分条件下，无性系 1 -4 的耗水速率较高，整株叶面积
最小，比无性系 7080 和 015 -1 需要更好的水分环境。各无性系受
到水分胁迫时耗水速率的降幅有很大差异，无性系 7080 在轻度胁迫
时期其耗水速率有较大幅度的下降，并且在严重干旱时期仍能保持
较高的蒸腾耗速率，具有较强的适应干旱环境的能力，更适宜在干
旱地区生长。

5.2.3　不同干旱胁迫下苗木蒸腾耗水量的日变化

由于树木的主要耗水量来自于白天的蒸腾耗水，因此要研究树木的蒸腾耗水特性还应当重点研究树木白天的蒸腾耗水状况。从这个角度上来讲，必须科学地探明树木在白天不同时段的实际蒸腾耗水进程，即耗水量的日变化，才能了解树木在特定环境条件下某一时刻的需水特性。

在正常水分条件下所有供试苗木蒸腾耗水量的日变化均呈明显的单峰型曲线，表现为先上升后下降的规律，3 个楸树无性系的耗水量峰值均出现在 12：00～14：00 时段，其次是 14：00～16：00，18：00～20：00 时段的耗水量最低（图 5-6）。无性系 015－1 的峰值最大，为 381. 6 g/h，其次是无性系 7080（367. 8 g/h）和 1－4（365. 1 g/h）。到了轻度干旱胁迫（LD）时，各无性系表现出的规律性有所不同，无性系 1－4 和 7080 的峰值有所提前，出现在 10：00～12：00，在 12：00～14：00 时耗水量出现短暂的下降。而无性系 015－1 仍旧维持单峰分布，峰值出现在 12：00～14：00。出现这种现象的原因可能是无性系 1－4 和 7080 对水分的变化比无性系 015－1 敏感，在遭受轻度干旱时立即通过关闭气孔来减少叶片蒸腾，而正午正是一天当中太阳辐射最大、空气温度最高的时刻，导致二者的耗水量峰值提前出现。这与一些学者的研究结果一致，有研究表明气温升高会增加叶片内外的水汽压差，气孔阻力减小，但若温度过高，则强烈蒸腾下叶片水势降低会引起气孔导度减小，气孔阻力又要升高，蒸腾因而减弱（李雪华，2003）。轻度干旱时各无性系耗水量峰值都明显下降，无性系 7080 下降的最多，下降幅度是正常水分下的 14%。

当干旱胁迫程度发展至中度干旱时，不同无性系在不同时刻的耗水量都发生大幅度下降且日变化曲线趋于平缓。苗木的耗水量在 8：00～10：00 较高，这个时候太阳辐射相对较弱，空气湿度大，环境温度相对较低，反而成为一天当中耗水量相对较高的时段。当发展至严重胁迫时，所有无性系的耗水量日变化曲线已接近一条平直线，各时段的耗水量非常接近，差异很小。3 个无性系最大耗水量的排序为无性系 7080（13. 0 g/h）、015－1（12. 9 g/h）和 1－4（11. 1 g/h）。从耗水量日变化的规律可以看出，12：00～14：00 是楸树无性系苗木的潜在最大耗水时期。3 个无性系中 7080 具有较强的控水能力，在受到干旱胁迫时能通过自身的调节作用控制蒸腾耗水量，从而起到很好抵御干旱胁迫的作用。

蒸腾耗水作为调节苗木体内水分平衡的主要环节，是对环境变化的适应，与环境因子关系密切。李红丽等（2003）对浑善达克沙地植物蒸腾特征的研究表明，影响蒸腾速率的主要因子为光照强度、气温以及空气相对湿度，蒸腾速率与各因子间呈线性相关。刘淑明等（1999）对油松蒸腾速率与环境因子关系的研究则认为叶片细胞间的水汽压与空气中的水汽压差减小会导致水分子的扩散速率减慢，空气湿度增加，进而使蒸腾速率下降，研究表明空气湿度为 30% 左右时，蒸腾作用最强。为此，本书在耗水测定的同时对环境温度和空气相对湿度进行了分析。研究表明，在所有测定时间里，一天当中的最高温度都出现在 14：00，分别为 37.1℃、36.5℃、29.5℃ 和 40.4℃，此时也是空气相对湿度最低值出现的时刻，8：00 和 20：00 的温度较低，相对湿度较高（图 5-7）。从耗水量日变化规律来看，温度及相对湿度的日变化分别与耗水量日变化呈反相关关系和正相关关系，即苗木蒸腾耗水量随温度的升高、相对湿度的降低而增大。这充分说明树木的蒸腾耗水在很大程度上会受到温湿度的影响，特别是最高温度与耗水量峰值之间有着密切的关系。但对于处于严重干旱胁迫的苗木来说，环境因素对其耗水量日变化的影响相对较小。总的来说，把握树木蒸腾耗水时环境因子的变化，对研究其耗水特性具有非常重要的意义。

5.2.4 不同干旱胁迫下苗木蒸腾耗水速率的日变化

楸树无性系在不同水分胁迫下蒸腾耗水速率的日变化规律是苗木自身特性与环境因子共同作用的结果，更能反映一定环境条件下苗木的水分生理特征（图 5-8）。在正常水分条件和水分胁迫不同时期，3 个楸树无性系在一天的不同时段，其蒸腾耗水速率具有明显的差异，并且 3 种苗木蒸腾耗水速率日变化趋势有很大的不同。与耗水量日变化特征类似，在正常水分条件下，楸树无性系耗水速率日变化也呈单峰型曲线，表现为先上升后下降，峰值均出现在 12：00～14：00 时。此时段 3 个无性系苗木的最高蒸腾耗水速率大小为：无性系 1-4[191.5g/（m²·h）] > 7080[175.8 g/（m²·h）] >015-1

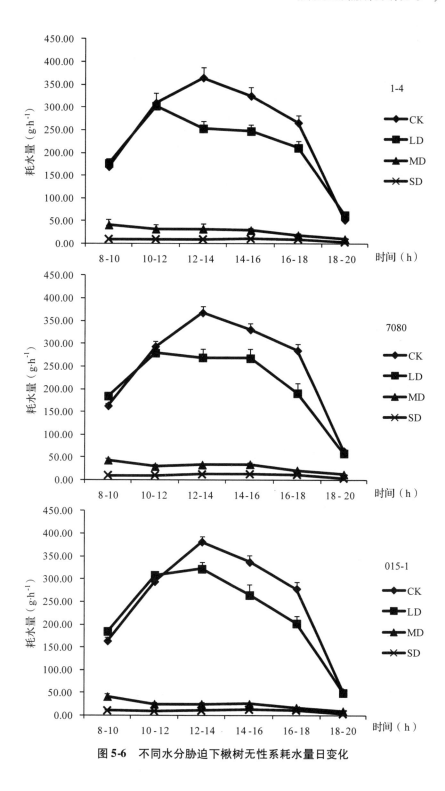

图5-6 不同水分胁迫下楸树无性系耗水量日变化

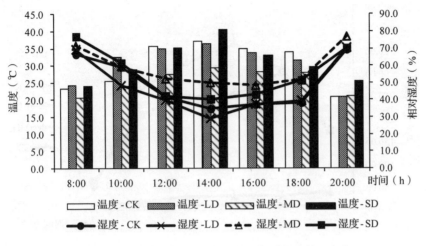

图5-7 不同水分胁迫下空气温度和相对湿度的日变化

[171.4 g/（m² · h）]，无性系 1 – 4 的耗水速率明显高于其他两个无性系，这与各无性系自身的整株叶面积有很大关系。

当苗木遭受轻度干旱胁迫时，3 种楸树无性系苗木蒸腾耗水速率日变化趋势则有所不同，无性系 1 – 4 和 7080 在 12～14 时耗水速率出现短暂的下降，且峰值有所提前，出现在 10：00～12：00。而无性系 015 – 1 则维持单峰分布，峰值出现在 112：00～14：00。与耗水量日变化特征相同，在遭受轻度干旱时，无性系 1 – 4 和 7080 能立即通过关闭气孔来减少叶片蒸腾，12：00～14：00 作为一天当中太阳辐射最大、空气温度最高的时刻，是导致二者的耗水速率峰值提前出现的主要原因。轻度干旱时各无性系耗水速率峰值都明显下降，无性系 7080 下降的最多，降幅是正常水分下的 13.9%。当干旱胁迫程度发展至中度干旱时，不同无性系在不同时刻的耗水速率都发生大幅度下降且日变化曲线逐渐趋于平缓。苗木在 8：00～10：00 的耗水速率较高，各无性系耗水速率峰值相对于正常水分条件平均下降了 88.46%。当发展至严重干旱胁迫时，所有无性系的耗水速率继续下降，耗水速率日变化曲线已接近一条直线，各时段的耗水速率非常接近，此时各无性系苗木的耗水速率受环境温湿度的影响相对较小。各无性系的蒸腾耗水速率最大值大小分别为无性系 7080 [6.23 g/（m² · h）] >> 1 – 4 [5.83 g/（m² · h）] > 015 – 1 [5.79 g/（m² · h）]。以上结果进一步证实了无性系 7080 具有很强的适应干旱环境的能力，在干旱初期对干旱胁迫的反应最为敏感，耗水速率

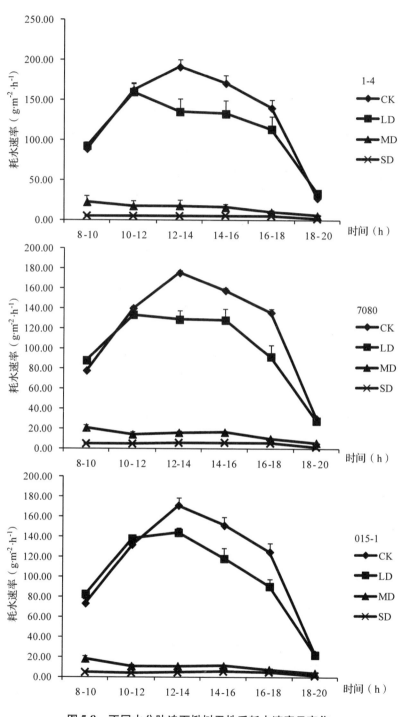

图5-8　不同水分胁迫下楸树无性系耗水速率日变化

降幅最大，而在干旱末期，在极端缺水的情况下，仍能使自身的耗水速率维持在高于其他无性系的水平上。

我们将 1 天中的最大耗水量与全天耗水量进行比较发现，两者的比值呈先降低后升高的趋势。在正常水分和轻度干旱胁迫时，最大耗水量与全天耗水量的比值都为 0.24，中度干旱胁迫有所下降，比值为 0.18，进入重度干旱胁迫后，比值变为 0.41。比较不同干旱胁迫时期全天最大耗水速率和白天平均耗水速率的关系可以得出，二者比值也呈现先降低后升高的趋势。正常水分条件和轻度干旱胁迫下两者比值为 1.48，中度干旱胁迫为 1.15，而进入重度干旱胁迫两者比值又提高到 2.27。这从另一个方面说明在水分充足和轻度胁迫时期，楸树无性系白天的蒸腾耗水在总耗水中占较大比重，而在受到中度干旱胁迫时，苗木主要通过减少潜在耗水时期的耗水速率达到延缓干旱的目的，但是进入重度干旱胁迫时期，耗水量大幅下降，土壤水分含量也十分低，但是由于潜在耗水时期的气温仍然很高，造成各无性系在这一时段的耗水相对较多，而其他时段的耗水十分少，所以最大耗水量与全天耗水量以及最大耗水速率与白天平均耗水速率的比值又有所升高。总的来说，不同楸树无性系在不同水分条件下 1 天中的最大耗水量与全天耗水量、最大耗水速率与白天平均耗水速率的变化趋势基本相同，两者的比值也相对稳定，因此我们可以通过测定苗木某一时段的耗水速率有效推算出耗水量，进而推算出全天耗水量，这有助于我们有效地计算苗木耗水量并减少实际工作量。

以上结果说明，楸树虽然属高耗水树种，但由于其单株叶面积较大，其蒸腾耗水速率实际上是相对较低的，而且在受到干旱胁迫时能迅速通过降低自身的耗水量来适应环境的变化，表明楸树能在比较干旱的地区生长，具有一定的抗旱能力。在 3 个楸树无性系中，无性系 7080 具有很强的适应干旱环境的能力，正常水分条件下它具有最高的日总耗水量和较小的蒸腾耗水速率，并且在干旱初期表现出了对水分亏缺条件的敏感性，耗水速率降幅最大，而在干旱末期，在极端缺水的情况下，仍能使自身的耗水速率维持在高于其他无性系的水平上。在整个干旱胁迫过程中，无性系 7080 也是在进入严重干旱时期叶片萎蔫最慢、落叶量最少的无性系，是一个值得推广的抗旱节水品系。无性系 015 - 1 居中，无性系 1 - 4 的抗旱性较差。

由此可见，树木的蒸腾耗水特性是在干旱半干旱地区进行树种筛选的重要指标，必须全面了解某一树种的耗水量、耗水速率在水分胁迫下的变化和不同时段的需水特性，才能筛选出真正抗旱节水的树种。单纯根据耗水量的大小来选择是片面的，还要从蒸腾耗水量和耗水速率出发，并结合环境因子等方面综合考虑。

6 楸树无性系气体交换及光合生理特征

　　光合作用是绿色植物利用太阳光能同化二氧化碳和水，制造有机物质并释放氧气的过程，是植物生命活动的能量和物质来源。作为植物体内一个重要的生理过程，光合作用对植物的生长发育起着至关重要的作用，是评价植物第一生产力的标准之一。它是绿色植物体内有机物质和能量的最终来源，在一定程度上决定着植物的生长（杨细明等，2008）。

　　目前光合作用的研究主要集中在 3 个方面：①不同植物的光合特性及其时空动态，包括光合作用日变化规律和季节变化规律。其中，光合作用日变化曲线大体上有 3 种类型：一种是单峰曲线型，即叶片光合速率的日变化进程与光照强度的日变化进程相类似，早晚低，中午高；另一种是双峰曲线型，上午和下午各有一个高峰，下午的峰值往往低于上午的峰值，在这两个峰值之间形成一个中午的低谷，这个低谷就是光合作用的午休现象；最后一种就是不规则曲线型。光合速率日变化及午休现象在自然界中普遍存在，是植物在长期进化过程中形成的对环境的一种适应，而植物对环境条件季节性变化的适应性反映了它们的遗传特性和适应能力。②环境因子对光合作用的影响以及光合作用对环境因子的响应，这些因子主要包括光照强度、水分、CO_2 浓度、温度、叶绿素含量等等。李淑英等（2007）研究发现叶片净光合速率、蒸腾速率等光合参数通常是植物外部环境因子（如 CO_2 浓度、气温、光照强度、水分和养分供应等）和内部生理反应（如羧化酶活性、电子传递速率等）综合作用的结果。植物的光合作用与其所生存的生态环境密切相关，进行植物光合生理特征研究是揭示不同植物对其生存环境生态适应性机制的有效途径(许大全，2002)。③光合效率与生物量、生产力的关系等。形成生物量的有机物都直接或间接来自光合产物，光合作用是生物量形成的基础，取决于光合机构的大小和效率。要不断提高植物单位面积生物量，进而提高植物生产力，不但要满足水肥供应以使植物获得足够多的光能，还必须提高植物叶片的光合效率。

干旱胁迫对植物生长和代谢的影响是多方面的，其中对光合作用的影响尤为突出和最为重要(张卫强等，2006；金永焕等，2007)。水分胁迫不仅会降低植物的光合速率，还会抑制光反应中的原初光能转换、电子传递、光合磷酸化和光合作用暗反应的过程，尤其在半干旱、干旱地区，水分亏缺对树木光合作用的影响超过其他影响的总和(鲁从明等，1994)。在干旱胁迫条件下，叶表面气孔开度变小，阻止 CO_2 进入体内，导致光合作用下降。由于得不到外界 CO_2，由光能形成的化学能不能像在正常的 CO_2 条件下被碳同化用掉，叶片发生光抑制，导致叶绿体超微结构持续的损伤或不可逆的破坏(Mehdy，1994)。一般来说，轻度干旱胁迫下，细胞代谢基本正常，气孔限制是净光合速率(Pn)下降的关键因子，但是这种因气孔关闭导致光合速率的降低完全可以通过提高环境 CO_2 浓度得到逆转。随着干旱程度加剧，植物体内的代谢被扰乱，胞间 CO_2 浓度(Ci)增大，即非气孔限制成为 Pn 下降的主因(卢从明等，1994)。何茜(2008)通过对 17 个毛白杨无性系在土壤逐渐干旱胁迫下的生长和生理生化指标的研究，得出以下结论：随着土壤逐渐干旱，毛白杨无性系的叶生长和蒸腾耗水受到影响，叶水势、净光合速率、蒸腾速率迅速下降，气孔阻力逐渐增加，水分利用效率先升高后降低，叶绿素含量呈下降趋势，但不同无性系的反应有所不同。Lima WP 等(2003)对巨桉等 5 个桉树树种研究表明，干旱会导致气孔导度、光合速率、蒸腾速率减少。

水分胁迫抑制植物光合作用，影响植物的生长，直接导致植物生物量积累的减少。一般来说，在水分胁迫条件下能够维持较高生长速度和光合速率的植物应当具有抗旱高产的特性。因此，可以通过研究水分胁迫下树木光合特性的适应性变化，探索其与树木抗旱性的关系。同时，研究树木光合和蒸腾作用的动态变化及其与环境变化的关系是选育高生产力、低耗水树种(品系)的重要基础。

6.1 楸树无性系的光响应曲线特征

植物的光合作用经常受到各种环境因子的影响而发生变化。干旱胁迫会直接(光合原料减少)或间接(气孔关闭、酶失活等)地影响光合作用下降。土壤水分成为树木光合作用最大的限制因素。光响应模型即光响应曲线是研究净光合速率(Pn)与光合有效辐射(PAR)之间的关系,是分析植物光合作用过程中的光合效率的重要理论手段。通过光合光响应模型可以估算几个植物重要的光合参数,光饱和点(LSP)是植物利用强光能力大小的指标,光补偿点(LCP)是植物利用弱光能力大小的重要指标,该值越小表明其利用弱光的能力越强(张淑勇,2007;伍维模,2007)。暗呼吸速率(Rd)反映的是植物在没有光照条件下的呼吸速率,与叶片的生理活性有关(Coley P D,1983)。在一定条件下,叶片的最大净光合速率反应了植物叶片的最大光合能力(Iryna I T,2004)。表观量子效率(AQE)是光合作用中光能转化效率的指标之一,该值越高说明叶片光能转化效率越高(许大全,2002;李合生,2002)。

不同土壤水分条件下植物光响应过程研究近年来逐渐得到重视。李文华等(2007)研究了生长于陕北黄土丘陵沟壑区柠条(*Caragana korshinskii*)5~9月份的光响应过程,采用二次多项式模型进行了拟合。王荣荣(2013)探讨了贝壳砂生境干旱胁迫下杠柳(*Periploca sepium*)苗木在不同干旱胁迫下的光合作用光响应过程,并对比了不同光响应模型之间的差异。吴芹(2013)研究了不同土壤水分条件下山杏(*Prunus sibirica*)、沙棘(*Hippophaerhamnoides*)、油松(*Pinus tabulaeformis*)光响应过程。楸树是我国重要的珍贵用材树种,不同学者分别从栽培措施(王聪,2014)、氮素施肥(王力朋等,2013)和盐胁迫(王臣等,2010)等角度深入研究了楸树光合生理特性。朱雯等(2013)研究了正常水分条件下不同楸树无性系之间光响应特征差异。总体上看,涉及楸树光合生理过程与土壤水分和光照定量关系的研究还很缺乏。而深入了解它们光合作用对水分和光照环境的反应,是生理生态研究的重要内容之一。本书采用非直角双曲线模型拟合光响应曲线(Farquhar G D,2001),探讨楸树重要光响应特征参数的变化规律,阐明楸树光合作用对土壤干旱的响应规律及策略,为揭示楸树抗旱生理机制提供理论依据，也为楸树造林和经营措施提供参考依据。

在本书中，以各方面表现良好的楸树无性系 9 – 1 为例来阐述楸树无性系的光响应曲线特征。研究发现，楸树无性系 9 – 1 在正常水分和干旱胁迫下净光合速率均随光强的增加而增加，干旱胁迫下较早达到光饱和点(图6-1)。在正常水分条件下，楸树无性系净光合速率较高为 $17.31 \pm 3.18 \mu molCO_2/(m^2 \cdot s)$，光饱和点为 $1911.91 \pm 304.02 \mu mol/(m^2 \cdot s)$，光补偿点为 $23 \pm 6 \mu mol/(m^2 \cdot s)$，表观量子效率为 0.03 ± 0.02，呼吸速率为 $-0.79 \pm 0.6 \mu mol/(m^2 \cdot s)$ (表6-1)。T 检验结果表明，随着干旱胁迫的加剧，光饱和点和最大净光合速率显著降低($P < 0.05$)，光补偿点、表观量子效率和呼吸速率无显著差异(表6-1)。干旱胁迫下光补偿点为 $23.68 \pm 0.65 \mu mol/(m^2 \cdot s)$，表光量子效率为 0.02 ± 0.01，呼吸速率为 $-0.51 \pm 0.13 \mu mol/(m^2 \cdot s)$，光饱和点为 $1301.81 \pm 129.3 \mu mol/(m^2 \cdot s)$，降低了32%，最大净光合速率为 $11.4 \pm 2.11 \mu molCO_2/(m^2 \cdot s)$，降低了34%。说明中度干旱胁迫限制了楸树无性系 9 – 1 幼苗光合潜力的发挥，最大光合能力被抑制并进而影响干物质的积累，这与柠条等研究结果类似(韩刚，2010)。光饱和点的差异说明干旱胁迫影响了楸树无性系利用强光的能力，而中度干旱胁迫则不影响楸树无性系对弱光的利用能力，这与柠条(韩刚，2010)类似，而干旱胁迫下花棒利用弱光的能力增强(韩刚，2010)。本书结果说明，在一定干旱胁迫范围内，楸树无性系利用弱光的能力相对较为稳定，但利用强光的能力会大幅降低。楸树无性系的 AQE 和 Rd 对干旱胁迫不敏感，说明干旱胁迫下光合产物的消耗并没有减弱，这与胡杨(伍维模，2007)和辽东楤木(陈建，2008)结果不一致，可能是与本书只研究中度干旱胁迫有关。将来可以进行不同水分梯度下光响应参数研究，并对比不同干旱胁迫程度下光能吸收利用差异。

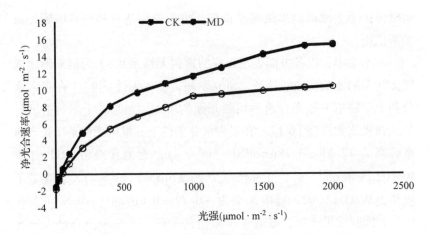

图 6-1　正常和中度干旱胁迫下楸树无性系 9－1 光响应曲线（$n=4$）

表 6-1　正常和中度干旱胁迫下楸树无性系 9－1 光响应曲线特征参数

干旱梯度	光饱和点 LSP $[\mu mol/(m^2 \cdot s)]$	光补偿点 LCP $[\mu mol/(m^2 \cdot s)]$	表光量子效率 AQE	呼吸速率 Rd $[\mu mol/(m^2 \cdot s)]$	最大净光合速率 A_{max} $[\mu mol/(m^2 \cdot s)]$
CK	1911.91 ± 304.02	23 ± 6	0.03 ± 0.02	− 0.79 ± 0.6	17.31 ± 3.18
MD	1301.81 ± 129.3	23.68 ± 0.65	0.02 ± 0.01	− 0.51 ± 0.13	11.4 ± 2.11
sig.	0.01 **	ns	ns	ns	0.021 *

注：* 表示存在显著差异（$P > 0.05$）；** 表示存在显著差异（$P > 0.01$）。

6.2　楸树无性系的气体交换特征

6.2.1　净光合速率

6.2.1.1　不同无性系净光合速率的比较

　　一般认为，当土壤水分充足时，太阳光照是植物光合作用最为主要的限制因素，净光合速率（Pn）会随着光照强度的变化而改变，其中早上 10：00 左右是大多数植物净光合速率较高的时段。我们对这一时段楸树无性系的净光合速率的比较研究发现，无性系 7080 的净光合速率最高[15.87 ± 1.50 $\mu mol/(m^2 \cdot s)$]，其次是无性系 015－1[14.23 ± 0.69 $\mu mol/(m^2 \cdot s)$]，无性系 1－4 最低[12.57 ± 1.96 $\mu mol/(m^2 \cdot s)$]，表明 3 个无性系中无性系 7080 具有更强的光合生产能力，无性系 015－1 次之，无性系 1－4 的光合生产能力较差。但是，方差分析结果表明，3 个无性系的净光合速率在 0.05 水平上差异不显著(表6-2)。楸树无性系平均净光合速率为14.22μmol/(m²·s),与杨树无性系的净光合速率较为接近(何茜,2008),高于尾巨桉的净光合速率[11.75μmol/(m²·s)](邱权等,2014),属于光合生产能力较强的树种。

表6-2 楸树无性系气体交换特性方差分析

无性系	气体交换指标	
	Pn[μmol/(m²·s)]	Tr[μmol/(m²·s)]
1–4	12.57±1.96b	4.24±0.39b
7080	15.87±1.50a	5.59±0.61a
015–1	14.23±0.69ab	5.78±0.41a
sig	0.0883	0.0154*

注:表中数据格式为平均值±标准差,小写字母为DUNCAN多重比较的结果,*表示存在显著差异($P>0.05$)。

6.2.1.2 干旱胁迫对净光合速率的影响

干旱胁迫对3种楸树无性系苗木(1–4、7080、015–1)的净光合速率(Pn)均有较大的影响,不同楸树无性系苗木的净光合速率有一定差异。随着干旱胁迫的发生,苗木的净光合速率逐渐下降,且下降的程度与不同时期胁迫的强度有关(图6-2)。在正常水分条件下,无性系7080的净光合速率最高[15.87±1.50μmol/(m²·s)],其次是无性系015–1[14.23±0.69μmol/(m²·s)],无性系1–4最低[12.57±1.96μmol/(m²·s)],但方差分析结果表明3个无性系之间差异不显著(表6-3)。干旱胁迫初期净光合速率下降不明显,干旱第3天各无性系的净光合速率变化范围为12.40~12.80μmol/(m²·s),分别降至正常水分条件下净光合速率的0.6%、21.9%、10.0%,其中无性系7080的降幅最大,无性系1–4的净光合速率几乎无明显变化,但无性系之间并不存在显著性差异,此时苗木处于轻度干旱时期。干旱第6~9天(中度干旱胁迫)是3个无性系净光合速率的快速下降区,与正常水分条件相比分别下降了89.6%、81.0%、82.8%,并且方差分析和多重比较的结果表明,从干旱胁迫进入6天以后,3个无性系的净光合速率均存在显著性差异($P<0.05$),以无性系1–4的净光合速率最低[干旱第9天仅为0.78±0.0μmol/(m²·s)]。到了干旱第12~15天,即在严重干旱胁迫时,

各无性系的净光合速率的变化与正常水分相比相对较小，但与中度干旱胁迫相比，无性系 1 – 4 的净光合速率降幅最大，下降了 51.23%；在干旱第 15 天，3 个无性系的净光合速率降至最低，均为负值，大小排列为无性系 7080[– 0.03 ± 0.01 μmol/(m^2 · s)] > [– 0.04 ± 0.00 μmol/(m^2 · s)] > [– 0.23 ± 0.05 μmol/(m^2 · s)]。

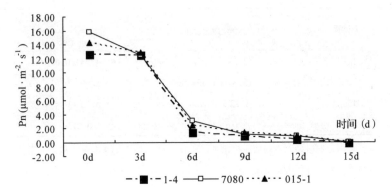

图 6-2　水分胁迫下楸树无性系净光合速率的变化

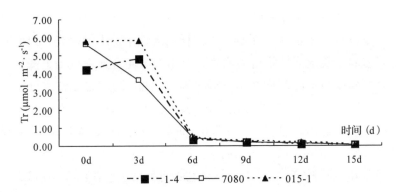

图 6-3　水分胁迫下楸树无性系蒸腾速率的变化

6.2.2　蒸腾速率

6.2.2.1　不同无性系蒸腾速率的比较

在正常水分条件下，楸树无性系蒸腾速率(Tr) 大小排序为无性系 015 – 1[5.78 ± 0.41 μmol/(m^2 · s)] > 7080[5.59 ± 0.61 μmol/(m^2 · s)] > 1 – 4[4.24 ± 0.39 μmol/(m^2 · s)] (表 6-2)，方差分析的结果表明，无性系 1 – 4 的蒸腾速率明显小于无性系 015 – 1 和 7080，但无性系 7080 和 015 – 1 的蒸腾速率并不存在显著性差异。结合同一时期的净光合速率比较发现，从叶片水平上看，3 个无性系中，无性系

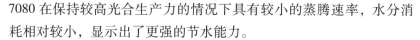

7080 在保持较高光合生产力的情况下具有较小的蒸腾速率，水分消耗相对较小，显示出了更强的节水能力。

6.2.2.2 干旱胁迫对蒸腾速率的影响

干旱胁迫下 3 个楸树无性系的蒸腾速率(Tr)基本上呈下降趋势（图 6-3），但不同的干旱胁迫强度下苗木的蒸腾速率反应不同。在正常水分条件下，蒸腾速率大小排序为无性系 015 – 1[5.78 ± 0.41 μmol/($m^2 \cdot s$)] > 7080[5.59 ± 0.61 μmol/($m^2 \cdot s$)] > 1 – 4[4.24 ± 0.39 μmol/($m^2 \cdot s$)]，方差分析的结果表明，无性系 1 – 4 的蒸腾速率明显小于无性系 015 – 1 和 7080，但无性系 7080 和 015 – 1 的蒸腾速率并不存在显著性差异。在干旱第 3d 时，无性系 1 – 4 与 015 – 1 的蒸腾速率都略微升高，只有无性系 7080 的蒸腾速率发生明显下降，与正常水分条件相比下降了 35.05%，说明无性系 7080 的气孔对干旱胁迫的响应十分灵敏，在干旱胁迫初期就通过关闭气孔来降低蒸腾速率。方差分析结果表明，3 个楸树无性系的蒸腾速率均存在极显著差异（$P < 0.01$），大小排序为无性系 015 – 1[5.83 ± 0.38 μmol/($m^2 \cdot s$)] > 1 – 4[4.83 ± 0.51 μmol/($m^2 \cdot s$)] > 7080[3.63 ± 0.56 μmol/($m^2 \cdot s$)]（表 6-3），而此时各楸树无性系的净光合速率还维持在较高水平，表明这 3 个楸树无性系有较好地适应轻度干旱胁迫的能力。

在干旱第 6 ~ 9 天（中度干旱），各无性系的蒸腾速率均发生大幅度下降，分别降至正常水分条件下的 8.75%、8.05%、8.09%，无性系 7080 的降幅最大，在干旱第 9d 降至 0.18 ± 0.02 μmol/($m^2 \cdot s$)，显著低于无性系 015 – 1 和 1 – 4。随着干旱胁迫的进一步加剧，干旱第 12d 的蒸腾速率降至 0.12 ~ 0.19 μmol/($m^2 \cdot s$)，与正常条件相比，各无性系分别下降了 97.28%，97.11%，96.66%，表明气孔已几乎完全关闭。到了干旱第 15 天，3 个无性系的蒸腾速率降至最低，平均为 0.04 μmol/($m^2 \cdot s$)，对照同一时期的净光合速率可以发现，在严重干旱胁迫时期，气孔关闭，Pn 降为负值，表明这一时期引起净光合速率下降的主要原因是非气孔限制因素。相比较而言，无性系 7080 在轻度胁迫时期蒸腾作用受到干旱的影响要大于净光合速率，能在控制水分散失的情况下维持一定的光合生产力。从这个角度来讲，无性系 7080 对干旱胁迫的忍耐能力要远远高于无性系 015 – 1 和 1 – 4。

表6-3 干旱胁迫下楸树无性系气体交换方差分析

气体交换指标	无性系	水分胁迫(d)					
		0	3	6	9	12	15
Pn [μmol/(m²·s)]	1-4	12.57±1.96b	12.50±1.42a	1.30±0.46b	0.78±0.03c	0.38±0.05b	-0.23±0.05b
	7080	15.87±1.50a	12.40±1.26a	3.02±0.70a	1.10±0.04b	0.81±0.03a	-0.03±0.01a
	015-1	14.23±0.69ab	12.80±0.67a	2.44±0.88a	1.37±0.06a	0.88±0.05a	-0.04±0.00a
	sig	0.0883	0.9101	0.0205	<.0001	<.0001	0.0074
Tr [μmol/(m²·s)]	1-4	4.24±0.39b	4.83±0.51b	0.37±0.06a	0.22±0.03ab	0.12±0.01c	0.04±0.00a
	7080	5.59±0.61a	3.63±0.56c	0.45±0.01a	0.18±0.02b	0.16±0.02b	0.03±0.00b
	015-1	5.78±0.41a	5.83±0.38a	0.47±0.09a	0.25±0.04a	0.19±0.03a	0.04±0.00a
	sig	0.0154	0.0044	0.1162	0.0207	0.0001	0.054
Cond [μmol/(m²·s)]	1-4	0.4327±0.0174b	0.4014±0.0187b	0.0176±0.0018a	0.0064±0.0009a	0.0030±0.0005b	0.0022±0.0002a
	7080	0.5406±0.0468a	0.3509±0.0333b	0.0165±0.0038a	0.0041±0.0008b	0.0022±0.0002c	0.0013±0a
	015-1	0.5796±0.0215a	0.5523±0.0565a	0.0140±0.0043a	0.0057±0.0004a	0.0048±0.0006a	0.0022±0.0005a
	sig	0.0031	0.0019	0.3014	0.0009	<.0001	0.1348
Ci (μL/L)	1-4	302.99±3.65a	313.97±2.89ab	268.50±3.82a	166.51±9.36c	126.37±9.67a	518.39±5.20a
	7080	303.72±8.43a	294.36±15.38b	271.52±7.52a	195.71±5.71b	107.86±4.34b	395.39±7.90b
	015-1	312.74±5.97a	317.37±8.88a	246.27±10.78b	212.67±12.47a	125.12±8.93a	364.39±29.45b
	sig	0.1912	0.0698	0.0028	<.0001	0.0107	0.0065

注：同列数据后的不同小写字母表示不同楸树无性系光合特征指标在不同胁迫时期的duncan多重比较结果在$P<0.05$水平上差异显著（下同）。

6.2.3 水分利用效率

6.2.3.1 不同无性系瞬时水分利用效率的比较

长期以来，植物水分利用效率（WUE）一直是人们比较关注的问题，是国内外干旱、半干旱地区农林业、生物学以及全球变化研究中的一个热点问题。了解植物的水分利用效率不仅可以掌握植物的生存适应对策，还可以人为调控有限的水资源来获得最高的产量或经济效益，为在干旱地区进行植被恢复和保育提供科学依据（曹生奎等，2009）。叶片瞬时水分利用效率（WUE）用净光合速率（Pn）与蒸腾速率（Tr）的比值表示，它的大小主要取决于 Pn 与 Tr 两者的变化。

楸树各无性系 WUE 数值按大小排序分别是 1 – 4（2.95 ± 0.19μmol/mmol）> 7080（2.85 ± 0.19μmol/mmol）> 015 – 1（2.47 ± 0.24μmol/mmol）（图6-4），方差分析和多重比较的结果表明，3 个无性系的水分利用效率在 0.05 水平上差异并不显著。从楸树无性系的综合光合特性来看，无性系 7080 具有较高的光合，较强的节水性能和较高效的水分利用能力，是值得推广种植的优良无性系，在干旱或半干旱地区进行造林时可优先考虑。

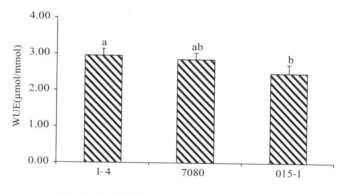

图6-4 楸树无性系瞬时水分利用效率的比较

6.2.3.2 干旱胁迫对瞬时水分利用效率的影响

当楸树无性系遭受干旱胁迫时，其瞬时水分利用效率会受到不同程度的影响。随着干旱胁迫的发展，楸树无性系的瞬时水分利用效率经历了先升高后降低的过程，但是不同无性系的瞬时水分利用效率对干旱胁迫的响应不一致（图6-5）。方差分析和多重比较的结果表明，在正常水分条件下，3 个楸树无性系的瞬时水分利用效率差异并不显著，数值按大小排序分别是无性系 1 – 4(2.95 ± 0.19μmol/mmol) > 7080(2.85 ± 0.19μmol/mmol) > 015 – 1(2.47 ± 0.24μmol/mmol)。在干旱第 3 天，各无性系的瞬时水分利用效率存在显著性差异($P < 0.05$)，无性系 7080 的瞬时水分利用效率明显高于其他两个无性系，上升至 3.43 ± 0.27μmol/mmol。到干旱第 6 天，各无性系的瞬时水分利用效率均有大幅度提升，分别是正常水分条件下的 1.2、2.4、2.1 倍，尤其以无性系 7080 最为明显，达到最高值(6.72μmol/mmol)，无性系 015 – 1 次之，无性系 1 – 4 的上升幅度最小。这是因为这个期间蒸腾速率大幅度下降，但各无性系的净光合速率还维持在一定水平。而在干旱第 9 天，无性系 015 – 1 和 1 – 4 的瞬时水分利用效率才达到最大值，尽管如此，二者的瞬时水分利用效率值仍然远低于无性系 7080。随着干旱胁迫强度的增加，瞬时水分利用效率在干旱第 12 天均有所下降，无性系 7080 的瞬时水分利用效率仍旧维持在较高水平，显著高于无性系 015 – 1 和 1 – 4($P < 0.01$)。

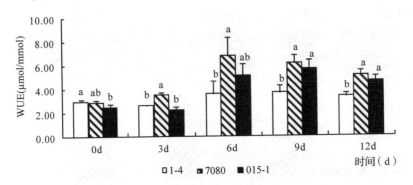

图 6-5   水分胁迫下楸树无性系瞬时水分利用效率的变化

以往研究表明，水分利用效率随着干旱胁迫的加剧呈现先升高后降低的趋势(李吉跃，1990；文建雷等，2003)。Midgley 等(1993)在研究南非多年生灌木的循环干旱胁迫试验时也指出，随土壤干旱到中度干旱胁迫过程中，瞬时水分利用效率提高，但当土壤含水量很低时，气孔导度最终变得稳定，瞬时水分利用效率又开始下降。这与本书中 3 个无性系的水分利用效率的变化规律一致。可以看出，上述无性系瞬时水分利用效率提高的机制是受到干旱胁迫后，苗木的净光合速率和蒸腾速率都下降，但净光合速率下降的幅度小于蒸腾速率。无性系 1 - 4 由于初始的净光合速率和蒸腾速率都低于其他无性系，且在干旱胁迫过程中的降幅较小，反映速度较慢，瞬时水分利用效率提高相对较少，瞬时水分利用的变化趋势相对较平缓，瞬时水分利用效率的上升幅度也较小。水分利用效率的提高使楸树无性系在减少水分消耗的同时，能够维持一定的光合生产力，从而提高了它们对干旱的忍耐能力，这有利于增强它们对严重干旱环境的抵御能力。

6.3 楸树无性系的气孔调节机制

6.3.1 干旱胁迫对气孔导度的影响

气孔影响着植物蒸腾和光合等生理机能，会随着环境状况的变化而变化，在控制碳的吸收和水分损失的平衡中起着关键作用（蒋高明，2004）。它的运动状况在一定程度上反映了植物体内的代谢情况，对环境变化响应的灵敏程度也是植物的一个重要抗旱特征，因此研究气孔导度大小是探讨植株叶片水分蒸腾散失和 CO_2 同化速率变化特征的一个关键环节（司建华等，2008）。

在干旱胁迫条件下叶片的气孔导度（Cond）随胁迫强度的增加呈明显的下降趋势（图 6-6），表现出与蒸腾速率相同的变化规律，但在不同胁迫强度下气孔导度变化不同。在正常水分条件下，3 个楸树无性系的气孔导度分别为无性系 1 - 4 [$0.4327 \pm 0.0174 \mu mol/(m^2 \cdot s)$]、7080 [$0.5406 \pm 0.0468 \mu mol/(m^2 \cdot s)$]、015 - 1 [$0.5796 \pm 0.0215 \mu mol/(m^2 \cdot s)$]，各无性系的气孔导度存在显著性差异（$P < 0.05$），无性系 7080 和 015 - 1 的气孔导度显著高于无性系 1 - 4，但二者之间并不存在显著性差异。在干旱第 3 天时，与正常条件相比，3 个无性系的气孔导度分别下降了 7.2%、35.1%、4.7%，其中以无性系 7080 的下降幅度最大，表明无性系 7080 在受到干旱胁迫时会立刻通过关闭气孔来减少水分蒸腾。干旱第 6~9 天，3 个无性系的气孔导度均进入快速下降时期，分别下降了正常条件的 95.93%（无性系 1 - 4）、96.94%（无性系 7080）、97.59%（无性系 015 - 1）。可见，在中度干旱胁迫时期，楸树无性系的气孔就已经基本完全关闭，对干旱胁迫的反应十分敏感。严重干旱时期（干旱第 15 天），3 个无性系的气孔导度差异不显著，气孔导度均降至最低值，这也是

无性系蒸腾速率降至最低的原因。楸树无性系之间气孔导度变化情况的差异性是各无性系抗旱能力具有差异性的主要原因之一。

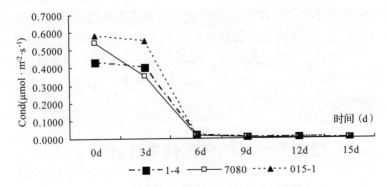

图 6-6　水分胁迫下楸树无性系气孔导度的变化

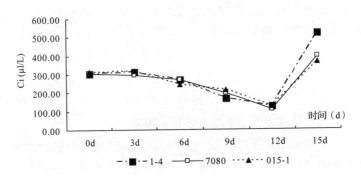

图 6-7　水分胁迫下楸树无性系胞间 CO_2 浓度变化

6.3.2　干旱胁迫对胞间 CO_2 浓度(C_i)的影响

干旱胁迫下楸树无性系胞间 CO_2 浓度(C_i)明显下降，但在重度干旱胁迫时的胞间 CO_2 浓度高于轻度和重度干旱胁迫时的胞间 CO_2 浓度，整体表现为先下降后上升的趋势(图6-7)。在正常水分条件下，胞间 CO_2 浓度略低于环境中 CO_2 浓度，各无性系之间并不存在显著性差异，胞间 CO_2 浓度的大小分别为无性系 $1-4$(302.99 ± 3.65 μl/L) < 7080(303.72 ± 8.43 μl/L) < $015-1$(312.74 ± 5.97 μl/L)。在干旱第3天，无性系 $015-1$ 和 $1-4$ 的胞间 CO_2 浓度略微上升，仅无性系 7080 的胞间 CO_2 浓度比正常值有所降低，而这时正是气孔导度下降的时期，验证了气孔关闭会造成胞间 CO_2 浓度降低，叶片光合生产力下降，同时也表明无性系 7080 对干旱胁迫的反应要比无性系 1

-4 和 015 - 1 灵敏。干旱第 6~9 天，各无性系的胞间 CO_2 浓度均明显下降，无性系之间的胞间 CO_2 浓度存在极显著差异（$P < 0.01$），先是无性系 015 - 1 发生大幅度下降，最后在第 9 天，无性系 1 - 4 的胞间 CO_2 浓度显著低于其他两个无性系。进入到重度干旱胁迫时，各无性系的胞间 CO_2 浓度又显著上升。在净光合速率明显下降时，胞间 CO_2 浓度却升高，说明在重度干旱胁迫时，3 个楸树无性系净光合下降不是由于气孔关闭、CO_2 浓度降低造成的，而是由于干旱胁迫影响了光合过程中其他生理过程，使胞内 CO_2 浓度积累，这可能与光合同化酶及电子传递有关，是非气孔限制因子所导致的结果。

干旱胁迫对树木生长和代谢的影响是多方面的，其中对光合作用的影响尤为突出和最为重要（张卫强等，2006；金永焕等，2007）。本书中，干旱胁迫下不同楸树无性系的净光合速率、蒸腾速率、气孔导度都发生明显下降，但在不同的干旱胁迫强度下其下降的幅度是有差异的，干旱第 6~9 天（中度干旱）是 3 个楸树无性系的快速下降时期。胞间 CO_2 浓度在干旱胁迫下也明显下降，但在重度干旱胁迫时成上升趋势。干旱胁迫下，树木的净光合速率呈下降的趋势，主要受到气孔限制（气孔导度下降，CO_2 进入叶片受阻而使光合下降）和非气孔限制（叶肉细胞光合活性下降，从而使净光合速率降低）的双重影响。一般来说，轻度干旱胁迫下，细胞代谢基本正常，气孔限制是净光合速率下降的关键因子，但是这种因气孔关闭导致光合速率的降低完全可以通过提高环境 CO_2 浓度得到逆转。随着干旱程度加剧，树木体内的代谢被扰乱，胞间 CO_2 浓度增大，即非气孔限制成为净光合速率下降的主因（卢从明等，1994）。本书中 3 个楸树无性系在干旱胁迫前期气孔导度和胞间 CO_2 浓度变化趋势相同，说明该时期净光合速率的降低主要是由于气孔导度的下降所造成的，是气孔限制所致；进入重度干旱胁迫后，气孔导度和胞间 CO_2 浓度成相反的变化趋势，则说明重度干旱胁迫时净光合速率下降的主要原因是叶肉细胞光合能力的降低，是非气孔限制所致。

6.4　楸树无性系的叶绿素荧光特性

自然条件下的叶绿素荧光与光合作用有着十分密切的关系。一方面，当光照过强，荧光可以避免叶绿体吸收光能超过光合作用的消化能力，将强光灼伤的损失降低到最小，对植物起着十分重要的保护作用；另一方面，通常情况下自然条件下的光合速率较高时，叶绿素荧光则弱，而光合速率下降时，荧光的发射就增强，二者呈现呈负相关关系（李晓等，2006）。叶绿素荧光分析技术是以光合作用理论为基础、利用植物体内叶绿素作为天然探针，研究和探测植物光合生理状况及各种外界因子对其细微影响的新型植物活体测定和诊断技术，它可以准确、快速地反映植物对环境胁迫的变化，已成为近年发展起来的用于光合作用机理研究和光合生理状况检测的一种新技术。它在测定光合作用过程中光系统对光能的吸收、传递、散耗和分配等方面具有独特的作用，可快速检测完整植株在干旱胁迫下光合作用的真实行为，与"表观性"的气体交换指标相比，叶绿素荧光参数更具有反映"内在性"的特点，因而被视为研究植物光合作用与环境关系的内在探针（Genty 等，1989；Schreiber 等，1994；张守仁，1999）。目前，对植物体内叶绿素荧光动力学的研究已形成热点，并在强光、高温、低温、干旱等逆境生理研究中得到广泛应用（Van *et al.*，1990）。在干旱胁迫下，大多植物如小麦、茶树、三裂叶蟛蜞菊、辣椒等植物会出现光合速率下降的现象，甚至会破坏叶绿体光合机构（刘晓英等，2001；宋莉英等，2009；郭春芳等，2009；付秋实等，2009）。

6.4.1　不同无性系初始荧光 Fo 的比较

初始荧光 Fo，又称固定荧光，是已经暗适应的光系统 II（PS II）反应中心处于完全开放时的荧光强度，它的高低主要取决于植物叶片内 PS II 最初的天线色素受激发后电子密度的高低、天线色素到 PS II 反应中心激发能传递速率以及叶片内叶绿素含量的高低，而与绿色植物叶片内光合作用的光化学反应无关。

整体上来说，楸树各无性系的初始荧光受干旱胁迫的影响均呈上升趋势，但各无性系的表现有所差异（图 6-8）。无性系 1－4 和 7080 的初始荧光在轻度干旱时期略有下降，后来随着干旱胁迫的加剧有增加的趋势，表现为先降低再升高。而无性系 015－1 则随着干旱胁迫的发生呈上升趋势。在正常水分条件下，各无性系的初始荧光有明显的差异，无性系 7080 的 Fo 最高，为 290.667±2.887，其次为无性系 1－4（253.333±7.506），无性系 015－1 的初始荧光最小，为242.333 ± 5.508。轻度干旱胁迫时，无性系1 - 4 和7080 都有所降低，但降幅不同。与正常水分条件相比，无性系1 - 4 下降了1.58%，无性系7080 下降了8.26%，降幅较大。而无性系015 - 1 则比正常水平上升了5.37%。通常胁迫开始时期 Fo 的降低是由 PS Ⅱ 天线色素的非光化学热耗散导致的，Fo 增加则表明 PS Ⅱ 反应中心遭受不易逆转的破坏(Bjorkman 等，1987；Demmig 等，1987)。随干旱胁迫程度的加剧，不同干旱胁迫下楸树无性系 PS Ⅱ 反应中心受到破坏或可逆失活，导致 Fo 增加，胁迫越重，对 PS Ⅱ 反应中心的破坏越大，Fo 增加幅度就越大。严重的干旱胁迫导致叶绿体光合机构的破坏，各无性系初始荧光均达到最大值，与对照相比分别增加了36.51%、23.05%和32.74%。以上结果表明，无性系7080 初始荧光增加的幅度较小，叶片内反应中心受到的破坏程度较小，抗旱性较强。虽然无性系015 - 1 的初始荧光在胁迫初期就有所增加，但干旱后期的增幅小于无性系1 - 4，也表现出一定的抗旱性，而无性系1 - 4 的抗旱性稍差。

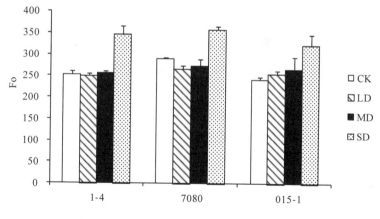

图6-8　不同干旱胁迫下楸树无性系 Fo 的变化

6.4.2　不同无性系荧光 Fv/Fm 的比较

在叶绿素荧光的众多参数中，Fv/Fm 是在没有遭受环境胁迫并经过充分暗适应的植物叶片 PS Ⅱ 最大量子效率指标，其大小代表了最大 PS Ⅱ 的光能转换效率，有时也被称为开放的 PS Ⅱ 反应中心的能量捕捉效率。非胁迫条件下该参数的变化极小，一般在 0.75 ~ 0.85 之间(何炎红等，2005)，不受物种和生长条件的影响，较为恒定。

胁迫条件下该参数明显下降，是反映光抑制程度的良好指标（许大全等，1992）。

在水分充足的环境中，楸树无性系 Fv/Fm 的变化范围是 0.774~0.819，3 个无性系 Fv/Fm 的大小排序为无性系 7080（0.774±0.006）< 1-4（0.805±0.004）< 015-1（0.819±0.003），各无性系之间差异显著（图6-9）。到了轻度干旱胁迫时，无性系 1-4 和 015-1 的 Fv/Fm 均缓慢下降，分别降至 0.800±0.013 和 0.815±0.018，降幅较小，而无性系 7080 的 Fv/Fm 则有所上升。中度胁迫时，各无性系的 Fv/Fm 均呈现下降趋势，与对照相比，无性系 1-4 下降幅度最大，为 6.00%，其次是无性系 015-1，为 3.62%，无性系 7080 的降幅非常小，仅为 0.13%。进入到严重干旱胁迫时，各无性系的 Fv/Fm 下降趋势更加明显，Fv/Fm 达最低值。这表明干旱胁迫可使楸树无性系的 PSII 活性中心受损，不仅光合作用原初反应过程受抑制，PSII 的原初光能转化效率及 PSII 潜在光合作用活力均受到抑制。

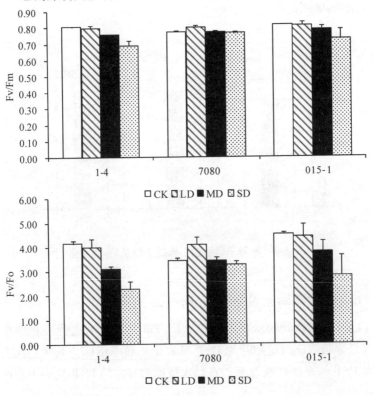

图6-9　不同干旱胁迫下楸树无性系 **Fv/Fm**、**Fv/Fo** 的变化

3个楸树无性系中，无性系1－4下降了13.53%，无性系7080下降了4.65%，无性系015－1下降了10.78%，表明无性系7080光合能力受到的破坏作用明显小于其他两个无性系，有较强的忍受干旱胁迫的能力。总的来说，随着干旱胁迫程度的加剧，楸树无性系的光合功能受到的破坏程度在增加。除了无性系7080在轻度胁迫时期 Fv/Fm 有所上升之外，各无性系基本呈下降趋势。

6.4.3 不同无性系荧光 Fv/Fo 的比较

Fv/Fo 尽管不是直接的效率指标，但是对效率的变化很敏感，常常用于度量 PS Ⅱ 的潜在活性。由于它的变化幅度比 Fv/Fm 大，所以在某些情况下对环境胁迫的指示作用更加明显，这个观点可以在图6-9中得到验证。可以看出，在不同干旱胁迫条件下，Fv/Fo 的变化规律与 Fv/Fm 的变化情况完全一致，都表现为无性系7080在胁迫初期的值叫较正常有所升高，其余无性系均呈明显的下降趋势，但是 Fv/Fo 降幅比 Fv/Fm 要明显的多。在正常水分条件下，3个无性系 Fv/Fo 的大小排序为无性系7080(3.444 ± 0.111) < 1－4(4.150 ± 0.117) < 015－1(4.528 ± 0.080)，无性系7080的 Fv/Fo 明显低于无性系1－4和015－1。到了轻度干旱胁迫时期，无性系1－4和015－1的 Fv/Fo 均缓慢下降，降幅分别为3.22%和1.78%，无性系7080的 Fv/Fm 则有所上升。中度胁迫时期，各无性系的 Fv/Fo 均呈现下降趋势，与对照相比，无性系1－4下降幅度最大，为24.82%，其次是无性系015－1，为16.23%，无性系7080的降幅非常小，为0.48%。进入到严重干旱胁迫时期，各无性系的 Fv/Fo 继续下降，无性系7080比对照下降了4.54%，无性系1－4和015－1的降幅分别达45.24%和37.66%，各无性系的 Fv/Fo 均降为最小值。

6.4.4 不同无性系光化学淬灭系数 qP 的比较

qP即光化学淬灭，反映的是 PS Ⅱ 天线色素吸收的光能用于光化学电子传递的份额。当 PS Ⅱ 反应中心处于"开放"状态时，才能保持高的光化学淬灭系数，因此光化学淬灭又在一定程度上反映了 PS Ⅱ 活性中心的开放程度。一般认为，光化学淬灭系数 qP 越高，PS Ⅱ 的电子传递活性就越大；相反，若 qP 系数变小，则表明从 PS Ⅱ 氧化侧向 PS Ⅱ 反应中心的电子流动受到抑制。

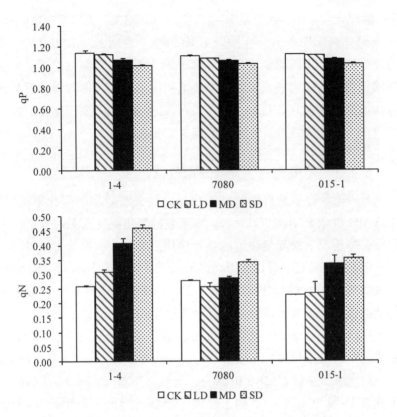

图 6-10 不同水分胁迫下楸树无性系 qP、qN 的变化

就整体趋势而言，楸树无性系的光化学淬灭系数 qP 随着干旱胁迫的加剧呈逐渐下降趋势，但是各无性系的降幅有所差异(图 6-10)。在水分充足的条件下，3 个无性系的光化学淬灭系数大小可排列为无性系 1 -4(1.143 ± 0.028) > 015 -1(1.128 ± 0.003) > 7080(1.108 ± 0.016)，但是三者之间并不存在显著性差异(表 6-4)。轻度干旱胁迫时，3 个无性系 qP 的变化范围是 1.089~1.128，无性系 7080 的光化学淬灭系数显著小于无性系 1 -4 和 015 -1($P < 0.05$)。与对照相比，3 个无性系的 qP 都呈下降趋势，分别下降了 1.28%(无性系 1 -4)、1.69%(无性系 7080)和 1.09%(无性系 015 -1)，这表明无性系 7080 在轻度干旱胁迫时 PSⅡ反应中心的光化学活性对干旱胁迫的影响反应十分灵敏，这一结果与无性系 7080 净光合速率在胁迫初期受到的影响较大是一致。随着干旱胁迫程度的增加，qP 也逐渐降低。到中度干旱胁迫时，各无性系相对于正常水分条件下降了 6.18%(无性系 1 -4)、3.70%(无性系 7080)和 4.20%(无性系 015

-1),这时无性系 1-4 和 015-1 的降幅都大于无性系 7080,表明在中度干旱胁迫时,无性系 1-4 和 015-1 的 PS II 反应中心的开放程度明显降低。到了严重干旱胁迫时,各无性系的光化学淬灭系数分别降至 1.018±0.009(无性系 1-4)、1.035±0.009(无性系 7080)、1.037±0.007(无性系 015-1),无性系 1-4 的 qP 显著低于无性系 7080 和 015-1($P < 0.05$),分别下降了正常的 10.91%(无性系 1-4)、6.59%(无性系 7080)和 8.07%(无性系 7080),无性系 1-4 的降幅最大,其次是无性系 015-1,无性系 7080 在重度干旱胁迫时的降幅最小。以上结果表明,无性系 7080 在轻度干旱胁迫时对干旱的响应较为灵敏,但是从轻度到重度干旱胁迫这一过程里,光化学淬灭系数 qP 的变化幅度最小,受到干旱胁迫的影响最小,在严重干旱时 PS II 反应中心还能维持一定的光化学活性。各无性系 qP 在不同胁迫时期的变化范围造成了它们之间抗旱能力的差异。

表 6.4   干旱胁迫下楸树无性系荧光参数 qP、qN 方差分析

指标	无性系	CK	LD	MD	SD
qP	1-4	a	a	a	b
	7080	a	b	a	a
	015-1	a	a	a	a
	sig.	0.1416	0.0020**	0.1264	0.0036**
qN	1-4	b	a	a	a
	7080	a	b	c	b
	015-1	c	b	b	b
	sig.	<.0001**	0.0271*	<.0001**	<.0001**

注:**表示存在显著性差异($P < 0.01$)。

6.4.5   不同无性系非光化学淬灭系数 qN 的比较

qN 非光化学淬灭反映的是 PS II 天线色素吸收的光能不能用于光合电子传递而以热能的形式耗散掉的光能部分。当 PS II 反应中心天线色素吸收了过量的光能时,及时的热耗散可以有效防止过量光能对光合机构造成失活或破坏,因此非光化学淬灭 qN 代表了植物在逆境胁迫中自我保护机制的运行情况,对光合机构起一定的保护作用(Krause 等,1991)。

与光化学淬灭系数 qP 在干旱胁迫下的变化趋势相反，随着干旱程度的加剧，qN 非光化学淬灭表现出明显的上升趋势（图 6-10），各无性系的增幅有很大差异。在正常水分条件下，3 个无性系的非光化学淬灭系数 qN 的大小可排列为无性系 7080（0.278 ± 0.004）> 1 - 4（0.258 ± 0.006）> 015 - 1（0.227 ± 0.003），无性系 7080 的 qN 显著高于无性系 1 - 4 和 015 - 1，三者之间表现出极显著性差异（表 6-2）（$P < 0.01$）。到了轻度干旱胁迫时期，无性系 1 - 4 和 015 - 1 的 qN 与对照相比都有所增加，分别增加了 19.74% 和 3.67%，无性系 7080 则略微下降，三者之间存在显著性差异，大小可排列为无性系 1 - 4 > 7080 > 015 - 1。这表明无性系 1 - 4 和 015 - 1 最先启动热耗散来消耗过量的激发能，以减轻干旱胁迫下过量光能对光合机构的损伤。到了中度干旱胁迫时期，各无性系的非光化学淬灭系数均明显增加，但增幅有很大不同。与正常水分条件相比，分别增加了 57.55%（无性系 1 - 4）、2.52%（无性系 7080）和 47.87%（无性系 015 - 1），无性系 1 - 4 的增幅最大，无性系 015 - 1 居中，无性系 7080 的增幅最小，各无性系之间的差异性仍旧很显著（$P < 0.01$）。当进入到重度干旱时期，楸树各无性系的 qN 均上升到最大值，这时过量光能对光和机构的影响最为严重。3 个无性系分别增加了正常水平下的 78.45%（无性系 1 - 4）、23.32%（无性系 7080）和 57.00%（无性系 015 - 1），qN 数值按大小可排列为无性系 1 - 4 > 015 - 1 > 7080，各无性系之间也存在极显著差异（$P < 0.01$）。无性系 7080 较小的非光化学淬灭增幅表明干旱对其的影响最小，具有较强的抵御干旱损伤的能力。一般来说树木叶绿素消耗所吸收光能的途径主要包括光合电子传递、叶绿素荧光和热耗散这三个方面，并且这三种途径之间密切相关。光合作用和热耗散的变化会引起叶绿素荧光的相应变化，因此叶绿素荧光的变化可以反映光合作用和热耗散的实际情况（Peterson 等，1998）。总的来说，楸树无性系在干旱胁迫下会通过光合电子传递过程中的热耗散途径来减少过剩激发能的产生，避免了光合机构的破坏，从而减轻了干旱缺水条件对自身的伤害，是楸树无性系对生存环境适应的一种保护机制。这种保护机制的反应方式与褚建民等（2008）对欧李幼苗、宋莉英等（2009）对入侵植物三裂叶蟛蜞菊、罗明华等（2010）对丹参以及吴甘霖等（2010）对草莓的干旱盆栽试验结果一致。

通过对楸树无性系在干旱胁迫下的水分生理特征、光合特性以及叶绿素荧光动力学参数的综合分析可以发现，楸树无性系在干旱胁迫下主要以3种形式来减轻干旱胁迫所造成的伤害：一是增加自身的水分利用效率；二是关闭气孔以减少体内水分的蒸腾散失；三是提高热耗散以减少过剩激发能的产生。在3个楸树无性系中，无性系7080在这3个方面的能力均大于无性系015-1和1-4，表现出较强的抗旱能力和对严重水分亏缺的忍耐性，是值得推广的优良耐旱无性系，其次是无性系015-1，无性系1-4的抗旱能力相对较差。

6.5 楸树无性系叶绿素含量

6.5.1 不同无性系叶绿素含量的比较

绿色植物光合作用过程中吸收光能的主要器官是叶绿体，而叶绿素是叶绿体中的主要色素，光合作用中光能的吸收、传递、分配和转化等过程都由叶绿素直接参与，也是叶片功能持续长短的重要标志。叶绿素(Chl)主要包括叶绿素 a(Chl-a)和叶绿素 b(Chl-b)，是重要的植物生理性指标之一，叶绿素含量的高低直接影响光合产量。SPAD 是依据叶绿素可以吸收红光的特点，根据光谱的原理在特定波长下释放红光，经叶绿素吸收后，依据差值的大小判断出绿色的相对值。

楸树各无性系的叶绿素含量均存在极显著性差异($P<0.01$)(图6-11)，无性系7080的叶绿素含量最高，为 43.6±1.5 SPAD，无性系015-1的居中(39.7±3.8 SPAD)，无性系1-4的叶绿素含量最低，为 32.3±1.8 SPAD，为无性系7080的74.03%，这一结果印证了各无性系净光合速率的高低。同时与我们在试验中观察到的叶色结果一致，无性系7080和015-1的叶色是深绿色，叶绿素含量较高，具有较高的光合生产力；1-4的叶色偏浅，叶绿素含量最低，光合生产能力较低。

6.5.2 干旱胁迫对无性系叶绿素含量的影响

绿色植物光合作用过程中吸收光能的主要器官是叶绿体，而叶绿素是叶绿体中的主要色素，光合作用中光能的吸收、传递、分配

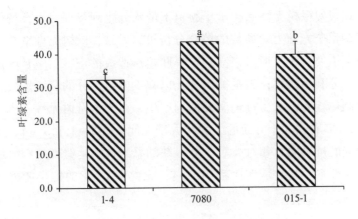

图6-11　楸树无性系叶绿素含量的比较

和转化等过程都由叶绿素直接参与，也是叶片功能持续长短的重要标志。叶绿素(Chl)主要包括叶绿素 a(Chl－a)和叶绿素 b(Chl－b)，是重要的植物生理性指标之一。植物体内的叶绿素总是处于不断更新的状态，在适宜的生长环境中，叶绿素的合成速率大于分解速率，因此叶片总是保持绿色；当植物受到环境胁迫或者叶片衰老时，合成速率明显小于分解速率，原有的类胡萝卜、花色素就显现出来，叶片呈黄色。因此叶绿素含量的变化在一定程度上可以反映植物抵御逆境胁迫的能力。水分亏缺会导致植物体内叶绿素的含量发生变化，不同干旱胁迫下叶绿素含量的变化情况可以指示植物对干旱胁迫的敏感程度(陆新华等，2010)，并直接影响光合产量。SPAD 是依据叶绿素可以吸收红光的特点，根据光谱的原理在特定波长下释放红光，经叶绿素吸收后，依据差值的大小判断出绿色的相对值。

　　在干旱胁迫条件下，楸树无性系的叶绿素含量总体上呈现先降低再升高的趋势，但各无性系有所差异(图6-12)。在水分充足的环境下，方差分析和多重比较的结果(表6-5)说明楸树各无性系的叶绿素含量均存在极显著性差异($P < 0.01$)，无性系 7080 的叶绿素含量最高，为 43.6±1.5SPAD，无性系015－1的居中(39.7±3.8SPAD)，无性系 1－4 的叶绿素含量最低，为 32.3±1.8SPAD，为无性系 7080 的 74.03%，这与我们在试验中观察到的叶色结果一致，无性系 7080 和 015－1 的叶色是深绿色，无性系 1－4 的叶色偏浅。到了轻度干旱胁迫时期，各无性系均有所下降，但降幅很小，无性系 1－4 和 015－1 分别下降了正常水分下的 2.08% 和 2.51%，无性系 7080

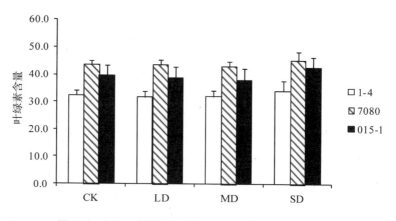

图 6-12　不同干旱胁迫下楸树无性系叶绿素含量的变化

的叶绿素受到干旱的影响最小，仅下降了 0.31%，几乎与正常值相同。而在中度干旱胁迫(MD)时期，无性系 1 – 4 的叶绿素含量最先开始出现回升，比轻度干旱胁迫时高 0.3SPAD，但还是低于正常水平；无性系 7080 和 015 – 1 的叶绿素含量则继续呈下降趋势，分别比正常降低了 1.71% 和 4.48%，尽管如此，二者的叶绿素含量仍旧高于无性系 1 – 4，并且各无性系之间均存在极显著差异($P < 0.01$)。进入严重干旱胁迫时期，3 个无性系的叶绿素含量均高于正常值，按照增幅大小可排列为无性系 015 – 1(7.29%) > 1 – 4(5.59%) > 7080(3.50%)，无性系 7080 虽然增幅最小，但是叶绿素含量仍旧显著高于无性系 015 – 1 和 1 – 4，三者之间存在极显著差异($P < 0.01$)。有一些研究认为干旱可能会在短期内提升植物体内相关蛋白的表达水平，从而使植物叶片的叶绿素含量增加(陈坤荣等，1997；喻晓丽等，2007)；另一些研究结果则表明，植物叶片叶绿素的含量会随着干旱的加重而逐渐减少(樊卫国等，2002；Huang B R 等，1998)。本书中，楸树无性系的叶绿素含量都呈现先下降后上升的趋势，这与王晶英等(2006)对银中杨研究得出的叶绿素含量的变化规律相同，其研究表明干旱胁迫 7 d 时叶绿素含量略有降低，到 14 d 含量又有所增加。

表6-5   干旱胁迫下楸树无性系叶绿素含量方差分析

无性系	CK	LD	MD	SD
1-4	c	c	c	b
7080	a	a	a	a
015-1	b	b	b	a
sig.	<.0001	<.0001	<.0001	<.0001

总的来说，植物叶绿素含量在受到干旱胁迫时均会发生改变，能从一定程度上指示着植物对水分亏缺的敏感性，但具体的变化规律会因不同树种或者同一树种的不同无性系而有所不同。聂华堂（1991）通过对水分胁迫下柑桔的生理变化与抗旱性的关系研究得出，抗旱性越强的树种，随着干旱胁迫程度的加深，叶绿素含量的变化幅度越小。楸树各无性系中7080的叶绿素含量在不同胁迫强度下的变化幅度最小，表现出较强的抗旱性。无性系1-4由于本身叶绿素含量较低，变化幅度排第二，无性系015-1的叶绿素含量相对变动较大。由各无性系在不同胁迫下的净光合速率的变化规律可以看出，楸树无性系叶绿素含量随着干旱胁迫的发展呈现出和净光合速率一样的变化趋势，并在净光合速率接近零的时候达到最小值，这种一致性也体现在了初始荧光的变化规律上，说明叶绿素含量的降低是影响楸树无性系光合能力减弱的因素之一。

楸树无性系的渗透调节 7 特性与酶活性

　　植物在生长过程中，经常受到复杂多变的逆境胁迫（如干旱、高温、低温、盐渍等），在这种环境下，细胞会主动形成一些渗透调节物质以提高溶质浓度，降低水势，从而维持自身正常生长代谢的需求。目前对林木渗透调节物质中研究较多的是脯氨酸（Pro）、可溶性糖和甜菜碱、无机离子。植物体内脯氨酸含量在一定程度上反映了植物的抗逆性，抗旱性强的品种往往积累较多的脯氨酸。很多研究表明，水分胁迫条件下，可溶性糖含量的增加可以降低植物体内的渗透势，以利于植物体在干旱逆境中维持体内正常的所需水分，提高植物的抗逆适应性（Chen，1990；Ranney et al.，1990；Blackman，1992；陈立松等，1999）。

　　许多酶与植物的抗旱性密切相关，通过研究干旱条件下植物体内这些抗氧化酶活性和抗氧化剂的变化，可以推断植物的抗旱性。目前研究最为广泛和深入的就是抗氧化保护酶系统的 SOD、CAT 和 POD 以及膜脂过氧化（MDA），前三者为酶的清除系统，它们可以消除细胞内的活性氧对细胞膜的伤害，减少膜脂过氧化，稳定膜的透性。丙二醛（MDA）作为脂质过氧化的主要降解产物，能导致生物膜结构的破坏和功能的丧失。以往研究表明：在干旱情况下，SOD、CAT 和 POD 的活性均呈现两种趋势：随着胁迫的增加而增加，或是先增加后降低，而 MDA 一般呈先升高后降低的趋势。

7.1　楸树无性系渗透调节物质对水分胁迫的响应

国内外许多专家学者的研究表明植物在干旱胁迫下受到的伤害

程度与渗透调节物质的变化幅度密切相关，大量积累渗透调节物质可以增强植株的保水能力，稳定膜系统，进而抵御干旱胁迫的影响（Smirnoff，1998；韩蕊莲等，2003；史玉炜等，2007；孙映波等，2011）。因此，研究干旱胁迫下游离脯氨酸、可溶性糖、可溶性蛋白含量的动态变化可以有效衡量不同无性系抗旱性能的差异，了解其适应干旱的机制和策略。

7.1.1 干旱胁迫对游离脯氨酸的影响

楸树无性系体内的游离脯氨酸含量随着干旱胁迫的加剧呈明显的上升趋势，但各无性系的具体表现并不相同（图7-1）。在正常水分条件下，游离脯氨酸含量的平均值为 185.24μg/g Fw，其中无性系 015－1 的 Pro 含量最高，为 202.71±7.92μg/g Fw，其次为无性系 1－4（186.50±2.35μg/g Fw），无性系 7080 的游离脯氨酸含量最低，为（166.52±1.13μg/gFw），方差分析和多重比较的结果表明三者之间存在极显著性差异（$P<0.01$）（表7-1）。在轻度干旱胁迫时期，无性系 1－4 和 015－1 的增幅相对缓慢，分别为 56.81% 和 30.69%，无性系 7080 的游离脯氨酸含量显著升高，比对照增加了 263.13%，显著高于无性系 1－4 和 015－1（$P<0.01$），表明在干旱胁迫初期无性系 7080 就迅速提升自身游离脯氨酸的含量以维持一定的渗透势来抵御干旱环境。进入到中度干旱胁迫时期，三者的游离 Pro 含量均开始大幅度提升，分别是正常条件下的 5.86 倍、13.05 倍和 3.05 倍，无性系 7080 是这一时期三者中游离脯氨酸含量最高、增幅也最大的，无性系 1－4 居中，无性系 015－1 的增幅较小。在严重干旱胁迫时期，各无性系体内的游离脯氨酸含量均到达峰值，无性系 1－4 上升至 1951.73±32.66μg/gFw，无性系 7080 上升至 2502.26±68.81μg/gFw，而无性系 015－1 上升至 2189.29±69.12μg/gFw，无性系 7080 的含量显著高于无性系 015－1 和 1－4（$P<0.01$），这时的游离 Pro 含量分别是正常的 10.47 倍、15.03 倍和 10.80 倍。

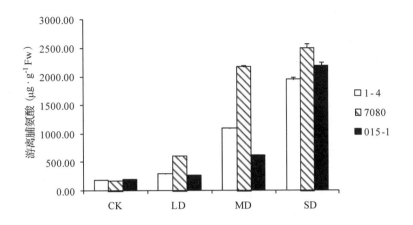

图7-1 不同干旱胁迫下楸树无性系游离脯氨酸含量

表7-1 干旱胁迫下楸树无性系游离脯氨酸含量方差分析表

无性系	CK	LD	MD	SD
1-4	b	b	b	c
7080	c	a	a	a
015-1	a	c	c	b
sig.	0.0003**	<.0001**	<.0001**	<.0001**

注：**表示方差分析的结果有极显著差异($P<0.01$)

在水分亏缺的环境中，植物叶片中游离脯氨酸含量的迅速增加是植物叶片对干旱胁迫进行适应性代谢调节的结果(赵琳等，2006)。植物在干旱条件下会积累大量的游离脯氨酸已经在许多植物上得到了证实(哈申格日乐等，2006；马双艳等，2003；律秀娜等，2007；李波等，2003)。脯氨酸作为渗透调节物质，其含量的增加对处于干旱胁迫下的植物能起到很好的缓冲保护作用，可提高细胞溶质的含量，还能从一定程度上起到稳定膜系统的作用。一般说来，抗旱性植物的脯氨酸累积量要比不抗旱性植物多，并且累积数量的多少可作为衡量作物抗旱力的生理指标。可以看出，无性系7080在干旱胁迫过程中产生了较多的游离脯氨酸用于渗透调节，以使体内的水分维持在一定水平，有利于其在水分亏缺的环境中生长，表现出了极好的对逆境的适应性。无性系015-1虽然在胁迫前期游离Pro含量增加较缓慢，但在严重干旱时期的脯氨酸含量高于无性系1-4，表明无性系015-1虽然在干旱初期游离Pro累积量较少，可能是由于其到达极限的时间比较慢，在重度干旱时期才表现出较高的渗透调节能力。

7.1.2　干旱胁迫对可溶性糖含量的影响

作为植物渗透调节物质的可溶性糖，一直被认为是植物应对逆境胁迫的重要生理指标。它的增加可以降低植物体内的渗透势，以利于植物体在逆境中维持正常的水分需求。在正常水分条件下，楸树各无性系叶片中所含可溶性糖含量存在极显著性差异（$P < 0.01$），其中以无性系 1－4 的可溶性糖含量最高，达 9.90 ± 0.10%，其次是无性系 015－1（8.92 ± 0.09%），无性系 7080 的含量最低，为 8.36 ± 0.26%，平均为 9.06%（图 7-2 和表 7-2）。随着干旱胁迫程度逐渐加深、土壤含水量逐渐减少，植物叶片中的可溶性糖含量基本上表现为逐渐增大的规律，但各无性系的增幅有所不同。在轻度干旱胁迫时期，各无性系可溶性糖的含量相比于正常条件的增幅不大且很接近，增幅分为别 32.31%、30.28% 和 32.52%，3 个无性系叶可溶性糖含量大小可排列为：无性系 1－4 > 015－1 > 7080。进入到中度干旱胁迫时期，无性系 1－4 的叶可溶性糖含量率先达到峰值，为 19.38 ± 0.22%，其含量是正常水分条件的 1.96 倍，但这个时期的含量小于无性系 7080（20.80 ± 0.11%），仍旧高于无性系 015－1。中度干旱胁迫时期，无性系 7080 和 015－1 的叶可溶性糖含量分别是正常的 2.49 倍和 2.07 倍，无性系 7080 的增幅最大，无性系 015－1 本身的糖含量虽然没有无性系 1－4 高，但由于无性系 1－4 的初始糖含量就较高，反而增幅小于无性系 015－1。在严重干旱胁迫时期，无性系 7080 和 015－1 的叶可溶性糖含量进一步增加，达到峰值，而 1－4 的糖含量则有所回落，比中度胁迫时期少了 0.49%。增幅最大的是无性系 7080，其严重胁迫时期的可溶性糖含量是对照的 3.14 倍，无性系 015－1 是对照的 2.68 倍。总的说来，楸树叶可溶性糖含量的变化与干旱胁迫程度和时间进程有关。不同干旱胁迫时期的方差分析和多重比较的结果表明，各无性系的叶可溶性糖含量均存在极显著差异（$P < 0.01$），无性系 7080 在初期累积量较少，但从中度胁迫时期开始糖含量都是三者之中最高的，其渗透调节能力要高于无性系 1－4 和 015－1。无性系 1－4 初期叶可溶性糖含量虽然较高，但严重胁迫时期糖含量已出现下降趋势，说明无性系 1－4

的渗透调节能力是有限的，严重干旱时会丧失渗透调节能力，对干旱胁迫的适应能力要低于其他无性系。

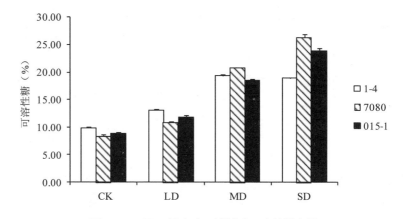

图7-2　不同干旱胁迫下楸树叶可溶性糖含量

表7-2　干旱胁迫下楸树无性系叶可溶性糖含量方差分析表

无性系	CK	LD	MD	SD
1 – 4	a	a	b	c
7080	c	c	a	a
015 – 1	b	b	c	b
sig.	<.0001**	<.0001**	<.0001**	<.0001**

　　除了对比研究了各无性系在正常条件和不同干旱胁迫时期的叶片可溶性糖含量的变化情况，本试验还在测定生物量的时候对正常水分条件和严重干旱胁迫时期下的枝、根中的可溶性糖含量做了分析(图7-3)。在水分充足的情况下，各无性系的枝中可溶性糖含量基本一致，并不存在显著性差异，平均值为7.54%；而到了严重干旱胁迫时期，各无性系的枝中可溶性糖含量大幅度上升，三者之间存在极显著差异($P<0.01$)，含量最高的是无性系7080，为11.75 ± 0.06%，显著高于无性系1 – 4和015 – 1，多重比较结果说明无性系1 – 4和015 –1的枝可溶性糖含量不存在显著差异(见表7-3)。与正常条件相比，各无性系枝可溶性糖含量的增幅分别为37.74%、53.29%和34.37%。

　　各无性系的根可溶性糖含量在正常条件和严重干旱时期的变化规律与枝可溶性糖一致，表现为严重胁迫时根中可溶性糖含量都显著升高。方差分析和多重比较的结果表明这两个时期的根可溶性糖含量存在极显著差异($P < 0.01$)。在正常水分条件下，各无性系根可溶性糖含量大小可排列为无性系 1 – 4($15.47 \pm 0.11\%$) > 015 – 1($14.57 \pm 0.10\%$) > 7080($12.86 \pm 0.08\%$)；在严重干旱胁迫时期，各无性系根可溶性糖含量大小可排列为无性系 015 – 1($21.76 \pm 0.16\%$) > 7080($20.86 \pm 0.22\%$) > 1 – 4($20.74 \pm 0.22\%$)。位次的变化体现了增幅的不同，3 个无性系中，增幅最大的是无性系 7080，其次是无性系 015 – 1，无性系 1 – 4 根中可溶性糖含量增加的最少。

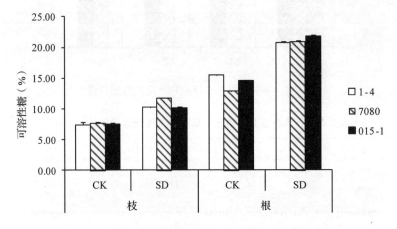

图7-3　不同干旱胁迫下楸树枝、根可溶性糖含量

表7-3　干旱胁迫下楸树无性系枝、根可溶性糖含量方差分析表

无性系	枝		根	
	CK	SD	CK	SD
1 – 4	a	B	a	b
7080	a	A	c	b
015 – 1	a	B	b	a
sig.	0.5722	<.0001 **	<.0001 **	0.0015 **

可溶性糖是参与植物生命代谢的重要物质，不仅能作为植物体内碳素营养状况的重要指标，而且其含量的变化也是植物对逆境胁迫的一种适应性反应。很多研究表明，水分胁迫条件下，可溶性糖含量的增加可以降低植物体内的渗透势，提高植物的抗逆适应性，以利于植物体在干旱逆境中维持体内正常的所需水分（Blackman，1992；Chen，1990；陈立松等，1999；徐世健等，2000）。综合各无性系在干旱胁迫下体内可溶性糖含量的变化规律可以看出，叶、枝、

根的可溶性糖含量与正常条件相比都大幅度升高，叶片作为营养物质的生产场所，其含量变化最大，增幅最多；枝作为连接根系与叶片的部位，可溶性糖含量较低，其含量增加的主要原因是营养物质的运输量变大；根系中可溶性糖升高的来源主要是淀粉等大分子物质在逆境下主动水解，以维持根部正常的新陈代谢。可溶性糖含量的变化表明无性系 7080 具有较强的忍耐干旱胁迫的能力，无性系 015 - 1 居中，无性系 1 - 4 在严重干旱下有可能失去渗透调节能力。

7.1.3　干旱胁迫对可溶性蛋白含量的影响

植物在逆境下通过自身的各种代谢和生理变化，在体内产生逆境蛋白质，对抗逆境因子或逆境造成的危害进行消除、修补或者复原(岑显超，2008)。植物体内的可溶性蛋白质大多数是参与各种代谢的酶类，在干旱胁迫条件下测定其含量的变化情况是了解植物抗逆性和总代谢情况的一个重要指标。

在正常水分条件和轻度干旱胁迫时期，楸树各无性系可溶性蛋白含量均不存在显著性差异(见表7-4 和图7-4)。在正常水分条件下，各无性系的可溶性蛋白含量分别为无性系 1 - 4(1.20 ± 0.09 mg/g)、7080(1.24 ± 0.04 mg/g)和 015 - 1(1.16 ± 0.01 mg/g)，平均值为 1.20 mg/g。到了轻度干旱胁迫时期，各无性系的可溶性蛋白含量有所上升，分别比正常情况上升了 21.43%、13.09%、24.50%，其中无性系 015 - 1 的增幅最大，无性系 1 - 4 居中，无性系 7080 的增幅相对较小。随着干旱胁迫程度的加深，各无性系的可溶性蛋白含量均呈上升趋势，并在严重干旱胁迫时期达到峰值，但是变化幅度有很大差异。方差分析和多重比较的结果表明在中度和重度干旱胁迫时期，各无性系的可溶性蛋白含量均存在极显著差异($P < 0.01$)。中度干旱胁迫时期各无性系可溶性蛋白含量的大小为无性系 1 - 4 > 015 - 1 > 7080，与对照相比的增幅分别是 76.21%、47.34% 和 82.04%。在重度干旱胁迫时期，各无性系可溶性蛋白含量继续上升，大小为无性系 015 - 1 > 1 - 4 > 7080，可溶性蛋白含量分别是正常条件下的 3.37 倍、2.74 倍和 2.13 倍。从水分充足条件一直到严重干旱的这个过程中，无性系 7080 的可溶性蛋白含量低于无性系 015 - 1 和 1 - 4，并且在干旱过程中可溶性蛋白的增幅也较小，无性系 015 - 1 则积累了大量的可溶性蛋白用于维持较低的渗透势。

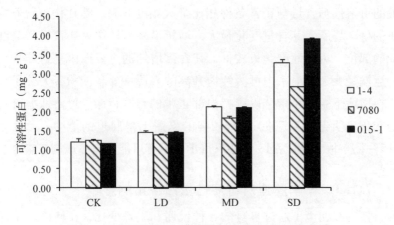

图7-4　不同干旱胁迫下楸树无性系可溶性蛋白含量

　　通常水分亏缺会引起植物体内活性氧的积累，导致膜脂过氧化，酶类、核酸等分子的破坏。这时植物体会诱导产生一些抗逆蛋白质来维持植物细胞较低的渗透势，避免水分胁迫带来的伤害。所以一般认为可溶性蛋白含量较高的植物种类或无性系的抗旱性较强（刘娥娥等，2001；吴志华等，2004；Xiong等，2002）。从这个角度上来讲，无性系015－1的抗旱性较强，其次是无性系1－4，无性系7080的抗旱性较弱。但是单因子的结果并不能代表整个渗透调节系统的运行情况，而且可溶性蛋白的变化与同样作为渗透调节物质的脯氨酸和可溶性糖不同。王俊刚等（2002）在对2种生态型芦苇在水分胁迫下可溶性蛋白含量、SOD、POD、CAT活性的变化一文中指出，与抗旱性有关的是干旱胁迫下可溶性蛋白的变化程度，抗旱性强的植物其蛋白合成维持在比较稳定的水平。对应本试验的结果，无性系7080的可溶性蛋白的变幅较小，而脯氨酸和可溶性糖含量增幅较高，这说明脯氨酸和可溶性糖可能是无性系7080抵抗干旱胁迫的主要渗透调节物质，可溶性蛋白则可能参与了抗氧化酶的合成或维持这类酶的稳定性，具体原因还要结合干旱胁迫下楸树无性系酶系统的变化情况来进一步研究。

表7-4 干旱胁迫下楸树无性系可溶性蛋白含量方差分析表

无性系	CK	LD	MD	SD
1－4	a	a	a	b
7080	a	a	b	c
015－1	a	a	a	a
sig.	0.4597	0.2308	0.0002**	＜.0001**

7.2 水分胁迫对楸树无性系酶活性的影响

目前普遍认为，以超氧化物歧化酶(SOD)、过氧化物酶(POD)和过氧化氢酶(CAT)为主的保护酶系统是清除植物体内活性氧自由基的主要方式，这些保护酶能与自由基反应产生稳定产物，在清除或减轻活性氧对细胞的损害方面具有重要作用(McCord et al.，1969；孙彩霞等，2002；杨帆等，2007)。超氧化物歧化酶主要存在于叶绿体、线粒体和细胞质中，是植物体内清除氧自然基的第一道防线，它能催化超氧化物自由基 O_2^- 生成过氧化氢(H_2O_2)和分子氧(O_2)(夏新莉等，2000)。之后过氧化物酶(POD)和过氧化氢酶(CAT)，可协同分解 H_2O_2 变成水和分子氧，最大限度地减少羟自由基(·OH)的形成。整个保护酶系统的防御能力的变化取决于酶彼此协调综合作用的结果(李燕等，2007)。

7.2.1 对超氧物歧化酶(SOD)的影响

正常情况下，细胞内的活性氧与防御系统之间保持着平衡(Prasad，1996)。然而在干旱胁迫的诱导下，植物体内的活性氧会大量积累，过量的活性氧会破坏细胞膜，加速细胞衰老和分解。超氧化物歧化酶 SOD(superoxide dismutase)在防御系统中的主要功能是清除活性氧，因而其活力的高低与植物的抗旱性密切相关。楸树无性系 SOD 总活性在正常水分条件下表现为无性系 1－4(92.12 ± 0.31U/g) ＞015－1(88.37 ± 0.61 U/g)＞7080(85.08 ± 0.76 U/g)，无性系 1－4 的 SOD 总活性显著高于无性系 015－1 和 7080(P＜0.01)(图7-5 和表7-5)。进入到轻度干旱胁迫时期，三者之间的 SOD 总活性差异不显著，均略微下降，降幅分别为 6.83%、3.30% 和 7.00%，无性系

7080 的降幅最小,无性系 1 - 4 和 015 - 1 相对较高。到了中度干旱胁迫时期,各无性系的 SOD 总活性继续下降,与正常水分条件相比,无性系 1 - 4 下降了 18.21%,无性系 015 - 1 下降了 16.80%,无性系 7080 仅下降了 7.11%,降幅最小,并且这个时期无性系 7080 的 SOD 总活性是三者之间最高的,为 $79.04 \pm 1.05 \mathrm{U} \cdot \mathrm{g}^{-1}$,分别高出无性系 1 - 4(3.69U/g)和 015 - 1(5.51U/g)。在严重干旱胁迫时期,无性系 1 - 4 的 SOD 总活性降到最小,为 $66.40 \pm 1.89 \mathrm{~U/g}$,而无性系 7080 和 015 - 1 的 SOD 总活性则呈现上升趋势,尤其是无性系 7080,其 SOD 总活性达到峰值,为 $90.25 \pm 0.70 \mathrm{~U/g}$,是无性系 1 - 4 的 1.36 倍,各无性系的 SOD 总活性存在极显著差异($P < 0.01$)。

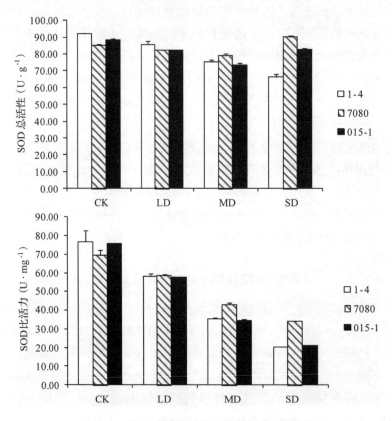

图 7-5 不同干旱胁迫下楸树无性系 SOD 活性

表 7-5　干旱胁迫下楸树无性系 SOD 方差分析表

指标	无性系	CK	LD	MD	SD
SOD 总活性	1 – 4	a	a	b	c
	7080	c	b	a	a
	015 – 1	b	b	b	b
	sig.	$< .0001$ **	0.0665	0.0031 **	0.0007 **
SOD 比活力	1 – 4	a	a	b	c
	7080	a	a	a	a
	015 – 1	a	a	b	b
	sig.	0.1775	0.6099	$< .0001$ **	$< .0001$ **

　　由于 SOD 比活力反应的是单位蛋白中 SOD 的酶活性，它可以排除在不同胁迫时期或者不同无性系间样品中蛋白浓度的差异，因此 SOD 比活力比 SOD 总活性更具可比性。虽然无性系 7080 和 015 – 1 的 SOD 总活性呈现先下降再上升的趋势，但是消除蛋白的影响后，楸树各无性系 SOD 比活力均随着干旱胁迫的加剧而呈现逐渐下降的趋势，并且不同胁迫时期各无性系的降幅差异较大（图 7-5）。方差分析和多重比较的结果表明，在水分充足情况下和轻度干旱胁迫时期，3 个无性系的 SOD 比活力均不存在显著性差异，这两个时期的平均 SOD 比活力分别为 74.07U/mg 和 58.08 U/mg，轻度干旱时期平均下降了 21.59%。各无性系在轻度胁迫时期的降幅分别为 24.28%、15.67% 和 24.28%，可见无性系 7080 的 SOD 比活力降幅最小，受干旱的影响较小。随着干旱程度的加剧，中度和重度干旱胁迫时期的 SOD 比活力均存在极显著差异（$P < 0.01$），中度干旱胁迫时的降幅分别为 53.76%、37.79 和 54.24%，而严重干旱时的降幅为 73.59%、50.97% 和 72.04%，降幅最小的是无性系 7080，无性系 1 – 4 和 015 – 1 的降幅相近，但考虑到无性系 1 – 4 在正常下的 SOD 比活力值最高（76.84 ± 5.79 U/mg），而严重干旱胁迫时最小（20.29 ± 0.06 U/mg），无性系 1 – 4 的 SOD 比活力的变幅最大。严重干旱胁迫时期 SOD 比活力的大小为无性系 7080（34.03 ± 0.30 U/mg）＞ 015 – 1（21.25 ± 0.23 U/mg）＞ 1 – 4（20.29 ± 0.06 U/mg），无性系 7080 的 SOD 比活力是无性系 1 – 4 的 1.67 倍。与其他两个无性系相比，无性系 7080 的 SOD 活性降幅最小，在严重干旱环境下防御活性

氧的能力高于无性系 015-1 和 1-4，具有较强的抗旱能力，无性系 015-1 次之，无性系 1-4 较差。

7.2.2　对过氧化物酶(POD)的影响

干旱胁迫下楸树无性系 POD 酶活性随着干旱程度的加深基本上呈现先上升再下降的趋势(图7-6)。在正常水分条件下，各无性系的 POD 酶活性分别为无性系 1-4[16.25±0.68mg/(mg·min)]、7080[12.50±0.97mg/(mg·min)] 和 015-1[9.77±1.15 mg/(mg·min)]，方差分析和多重比较的结果表明(表7-6)，三者之间存在极显著差异($P<0.01$)，无性系 1-4 的 POD 酶活性最高，7080 居中，无性系 015-1 较低。干旱胁迫开始后，除了无性系 1-4 的酶活性与正常水分相比没有较大变化之外，无性系 7080 和 015-1 的 POD 酶活性都略微升高，增幅分别是 5.89% 和 19.52%，这表明无性系 7080 和 015-1 最先开始清除体内的过氧化氢，无性系 015-1 对体内累积的自由基较为敏感。中度胁迫时期是楸树各无性系 POD 酶活性迅速上升的时期，三者的 POD 累积量最高并且酶活性均达到峰值，无性系 7080 的酶活性最高[21.70±1.18 mg/(mg·min)]，其次是无性系 1-4[18.13±0.22 mg/(mg·min)]，无性系 015-1 最低[12.93±0.68 mg/(mg·min)])，彼此之间存在极显著差异($P<0.01$)，与对照相比，分别增加了 73.52%、32.35% 和 11.59%，表明楸树无性系在中度干旱胁迫时清除 H_2O_2 的能力最强。到了严重干旱胁迫时期，各无性系的 POD 酶活性开始下降，但降幅有所不同。无性系 7080 的酶活性只比中度胁迫时期减少了 0.21mg/(mg·min)，基本维持在较高水平，无性系 015-1 也有所下降但还是高于正常值，无性系 1-4 的降幅较大，严重胁迫时期的 POD 酶活性比正常值少 4.72%。

大量研究表明，由于样品来源、测定方法、干旱胁迫方式以及胁迫强度的不同，SOD 及 POD 的酶活性会呈现不同的变化规律。姜慧芳等(2004)对干旱胁迫下花生叶片 SOD 活性的研究表明，SOD 活性先下降后升高，但抗旱品种的增加程度要大于敏感品种。时连辉等(2005)认为 6 个供试桑树品种在水分胁迫下保护酶 SOD、POD 活性都表现出先升后降的变化趋势。吴建华等(2010)在研究了干旱胁迫对冷蒿保护酶活性及膜脂过氧化作用的影响之后认为冷蒿 SOD 活

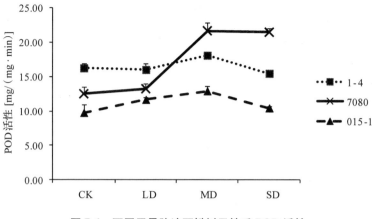

图 7-6　不同干旱胁迫下楸树无性系 POD 活性

性表现出先升高后降低，而 POD 则随着干旱胁迫时间和程度的加强呈下降趋势。张旭颖等（2010）则认为随着干旱胁迫程度的加剧，小叶黄杨幼苗内 SOD 活性呈现出先升后降的变化趋势，POD 活性总体呈现上升趋势。刘锦春等（2011）研究了干旱胁迫及复水对喀斯特地区柏木幼苗活性氧清除系统的影响，结果表明干旱胁迫下 SOD、POD 均持续上升。本研究则表明，干旱胁迫下，楸树各无性系的 SOD 总活性呈现先下降后升高趋势，SOD 比活力则呈现下降趋势，在 3 个无性系中，无性系 7080 的降幅较小，无性系 1 - 4 的降幅较大，无性系 015 - 1 居中。而各无性系的 POD 活性则随着干旱胁迫的加剧呈现先上升后下降的趋势，无性系 7080 增幅最大并在严重胁迫时期降幅最小，表现出很强的清除自由基的能力；无性系 015 - 1 的初始值虽然小于无性系 1 - 4，但是在严重时期的酶活性仍旧高于正常值；无性系 1 - 4 虽然在正常水分条件下具有较高的酶活性，但是严重干旱时期它的降幅也最大，已低于正常水平，清除自由基的能力较差。总的来说，在干旱胁迫下酶活性有的上升有的下降，但基本上都表现为抗旱性强的植物比抗性弱的植物的酶活性高，即当 SOD 及 POD 的酶活性升高时，抗性强的品种升高幅度较大；而当 SOD 活性降低时，抗性强的品种下降幅度较小。因此按照酶活性的变化来说，无性系 7080 的抗旱性要高于无性系 015 - 1 和 1 - 4，无性系 1 - 4 抵御干旱胁迫的能力最差。

表 7-6　干旱胁迫下楸树无性系 POD 方差分析

无性系	CK	LD	MD	SD
1－4	a	a	b	b
7080	b	b	a	a
015－1	c	b	c	c
sig.	0.0025 * *	0.0043 * *	<.0001 * *	0.0002 * *

楸树无性系碳同位素分辨率与水分利用效率 8

植物水分利用效率指植物消耗单位水分所生产的同化物质的量，它实质上反映了植物耗水与其干物质生产之间的关系，是评价植物生长适宜程度的综合生理生态指标（肖冬梅等，2004）。一般来说，在植物水分生理生态学研究方面，植物水分利用效率通常包括单叶水平即瞬时（WUEi）和全株水平（WUEt）两个水平：①单叶水平上的WUE，也称为水分的生理利用效率或蒸腾效率，指光合器官进行光合作用时的水分利用效率，即光合速率与蒸腾速率之比：$WUEi = Pn/Tr$，这是水分利用率的理论值，反映了植物水分瞬时的生理学特征；②植物 $WUEt$ 通常用一个生长季干物质的积累与水分消耗的比值表示，即 $WUEt = BM/WU$，因而 WUEt 不仅与总的耗水量和总生物量的变化有关（张岁歧等，2002），而且与光合作用速率有关（李吉跃等，1992），其大小受干旱胁迫强度变化的影响显著。

稳定性同位素技术的研究和发展最初始于 20 世纪 30 年代中期的物理科学，但稳定性同位素在植物生物学研究中的广泛应用只有近 20 多年的历史。特别是 Farquhar 等（1982）系统阐述了碳同位素比和碳同位素分辨率的计算方法，并确立了碳同位素分辨率与植物叶胞间 CO_2 浓度的关系之后，稳定性碳同位素在植物生物学研究中得到了更为广泛地应用。叶片的稳定性 C 同位素比率或稳定性 C 同位素判别系数可以很有效地反映植物长期光合特性和新陈代谢（Farquhar et al.，1989），因为它综合了植物内在生理和在植物 C 固定期间影响植物气体交换的外界环境特征（Smedley et al.，1991）。这种方法无需控制水分，可现取材现测，材料也可无限期存放，并且可在植株个体发育的任何一个阶段取样，是目前水分利用效率研究中较为准确可靠的指标。

8.1 楸树无性系的碳同位素组成比值($\delta^{13}C$)特征

碳同位素组成比值 $\delta^{13}C$ 是植物体光合能力和长期水分利用效率的一个普遍而有效的指标。甘肃小陇山楸树无性系碳同位素比值 $\delta^{13}C$ 在 $-27.96‰ \sim -25.08‰$ 之间变化，平均值为 $-26.44‰$，$\delta^{13}C$ 相对较小的无性系是 $1-3$（$-27.96‰$）、02（$-27.36‰$）、$1-2$（$-27.16‰$）和 $2-6$（$-27.05‰$），而光叶（$-25.08‰$）、$2-1$（$-25.32‰$）、$015-1$（$-25.43‰$）、小叶（$-25.48‰$）和大叶（$-25.50‰$）的 $\delta^{13}C$ 较高（表8-1）。河南洛阳各无性系的碳同位素比值的变化范围为 $-27.29 \sim -25.28‰$，变化幅度小于甘肃小陇山且各无性系 $\delta^{13}C$ 的排序并不一致。29 个无性系中02、$1-3$、$2-2$ 和 $2-7$ 的 $\delta^{13}C$ 较低，分别为 $-27.29‰$、$-27.06‰$、$-26.89‰$ 和 $-26.60‰$，均低于平均值 $-25.99‰$，无性系 $2-1$、$015-1$、$1-2$、$9-2$、小叶和01 的 $\delta^{13}C$ 均在 $-25.50‰$ 之上，相对较高。河南南阳楸树无性系的平均碳同位素比值为 $-25.09‰$，高于河南洛阳和甘肃小陇山，各无性系的 $\delta^{13}C$ 在 $-26.17‰ \sim -24.18‰$ 之间变化，$004-1$、洛灰、02 和 $1-3\delta^{13}C$ 较低，分别为 $-26.17‰$、$-26.04‰$、$-25.90‰$ 和 $-25.59‰$，7080（$-24.18‰$）、$9-1$（$-24.26‰$）、大叶（$-24.36‰$）、$015-1$（$-24.42‰$）和 $001-1$（$-24.42‰$）的 $\delta^{13}C$ 相对较高。

由于稳定碳同位素比值 $\delta^{13}C$ 与 C_3 植物的长期水分利用效率具有很强的正相关性（Farquhar et al.，1989），可以得出不同立地条件下大部分楸树无性系的水分利用效率为河南南阳 > 河南洛阳 > 甘肃小陇山。许多研究表明，影响植物气体交换代谢过程的环境因子，包括降雨量（Roden，2007）、土壤含水量（Korol et al.，1999）、温湿度（Panek et al.，1997；韩兴国等，2000）、氮素有效性（Duursma et al.，2006）和大气 CO_2 浓度（Williams et al.，2001）等，对植物 $\delta^{13}C$ 值也产生较大影响。甘肃小陇山的土壤物理性状较好，土壤含水量较高，而河南南阳的相对较差，在高资源可利用的条件下植物具有较小的 $\delta^{13}C$ 值，因而甘肃小陇山楸树无性系的 $\delta^{13}C$ 值较小，而河南南

阳的 $\delta^{13}C$ 值较高。就无性系来说，无性系光叶、2-1、015-1、小叶、大叶和008-1的 $\delta^{13}C$ 在不同立地条件下均较高，其水分利用效率也较高，而无性系1-3、02、2-6、011-1、灰3的水分利用效率较低，需要较好的生长环境，是相对耗水的无性系。

表8-1 不同立地条件下楸树无性系碳同位素比值($\delta^{13}C‰$)

无性系	甘肃小陇山	河南洛阳	河南南阳	无性系	甘肃小陇山	河南洛阳	河南南阳
6523	-26.09	-26.03	-25.31	1-4	-26.88	-25.56	-25.19
001-1	-26.46	-26.34	-24.42	2-1	-25.32	-25.28	-24.83
002-1	-26.58	-26.11	-24.78	2-2	-26.33	-26.89	-25.30
004-1	-26.34	-26.05	-26.17	2-6	-27.05	-26.19	-25.26
008-1	-25.63	-25.74	-24.64	2-7	-26.11	-26.60	-24.69
01	-26.49	-25.48	-25.36	2-8	-26.20	-25.83	-24.65
011-1	-26.99	-26.51	-25.44	9-1	-26.53	-25.71	-24.26
013-1	-25.83	-25.97	-25.46	9-2	-26.56	-25.44	-24.82
015-1	-25.43	-25.39	-24.42	大叶	-25.50	-25.71	-24.36
02	-27.36	-27.29	-25.90	光叶	-25.08	-25.57	-24.78
038	-26.10	-25.87	-25.19	灰3	-26.97	-26.52	-25.24
7080	-26.30	-26.01	-24.18	洛灰	-26.56	-26.24	-26.04
1-1	-25.89	-25.61	-25.18	线灰	-25.68	-25.69	-25.48
1-2	-27.16	-25.43	-25.37	小叶	-25.48	-25.45	-25.46
1-3	-27.96	-27.06	-25.59	平均值	-26.44	-26.06	-25.16

注：楸树无性系试验林2006年营造，2011年测定。

8.2 楸树无性系的水分利用效率

8.2.1 不同无性系瞬时水分利用效率(WUEi)的比较

瞬时水分利用效率WUE是净光合速率和蒸腾速率比值，它的变化情况代表了楸树无性系叶片当下的水分利用状况。楸树各无性系的瞬时水分利用效率存在较大差异(表8-2)，变化范围在5.45~16.03μmol/mmol之间，其中无性系9-1、灰3、7080、线灰和1-2的水分利用效率较低，远低于平均值9.28μmol/mmol，均在7.00μmol/mmol以下。无性系2-7(16.03±0.64μmol/mmol)、001-1(14.35±0.57μmol/mmol)、2-8(13.78±0.55μmol/mmol)、9-2(12.21±0.49μmol/mmol)和02(12.18±0.49μmol/mmol)的瞬时水分利用效率显著高于其他无性系($P<0.01$)，其中无性系2-7的瞬

时水分利用效率是无性系 9 - 1 的 2.94 倍。总的来说，29 个无性系中，无性系光叶、9 - 2、038、洛灰、线灰、2 - 8、2 - 7、001 - 1 和 02 具有较高的净光合速率和瞬时水分利用效率，而无性系 011 - 1、004 - 1、1 - 2、2 - 2 的净光合速率较低，瞬时 WUE 也较低。

表 8-2 甘肃 29 个无性系水分利用效率

无性系	Pn [$\mu mol/m^2 \cdot s$]	Tr [$\mu mol/m^2 \cdot s$]	Cond [$\mu mol/m^2 \cdot s$]	WUE ($\mu mol/mmol$)
6523	20.77 ±0.83	2.71 ±0.11	0.1078 ±0.0043	7.76 ±0.31
001 - 1	21.98 ±0.88	1.68 ±0.07	0.0572 ±0.0023	14.35 ±0.57
002 - 1	13.77 ±0.55	1.32 ±0.05	0.0482 ±0.0019	10.43 ±0.42
004 - 1	14.25 ±0.57	2.02 ±0.08	0.0762 ±0.0030	7.09 ±0.28
008 - 1	13.20 ±0.53	1.37 ±0.05	0.0523 ±0.0021	9.62 ±0.38
01	16.72 ±0.67	2.20 ±0.09	0.0883 ±0.0035	7.67 ±0.31
011 - 1	8.59 ±0.34	1.23 ±0.05	0.0467 ±0.0019	7.04 ±0.28
013 - 1	17.67 ±0.71	1.79 ±0.07	0.0671 ±0.0027	9.92 ±0.40
015 - 1	22.05 ±0.88	2.57 ±0.10	0.0991 ±0.0040	8.59 ±0.34
02	20.82 ±0.83	1.73 ±0.07	0.0600 ±0.0024	12.18 ±0.49
038	23.96 ±0.96	2.36 ±0.09	0.0869 ±0.0035	10.17 ±0.41
7080	18.91 ±0.76	3.12 ±0.12	0.1363 ±0.0055c	6.06 ±0.24
1 - 1	18.35 ±0.73	2.02 ±0.08	0.0764 ±0.0031	9.11 ±0.36
1 - 2	14.63 ±0.59	2.35 ±0.09	0.0970 ±0.0039	6.29 ±0.25
1 - 3	26.19 ±1.05	3.48 ±0.14	0.1328 ±0.0053	7.57 ±0.31
1 - 4	20.39 ±0.82	2.50 ±0.10	0.0933 ±0.0037	8.26 ±0.33
2 - 1	19.84 ±0.79	2.80 ±0.11	0.1132 ±0.0045	7.08 ±0.28
2 - 2	14.36 ±0.57	1.61 ±0.06	0.0598 ±0.0024	8.95 ±0.36
2 - 6	19.09 ±0.76	1.86 ±0.07	0.0672 ±0.0027	10.27 ±0.41
2 - 7	22.37 ±0.89	1.41 ±0.06	0.0456 ±0.0018	16.03 ±0.64
2 - 8	23.62 ±0.94	1.73 ±0.07	0.0573 ±0.0023	13.78 ±0.55
9 - 1	17.38 ±0.70	3.18 ±0.13	0.1404 ±0.0056	5.45 ±0.22
9 - 2	24.41 ±0.98	2.02 ±0.08	0.0677 ±0.0027	12.21 ±0.49
大叶金丝	17.72 ±0.71	1.78 ±0.07	0.0674 ±0.0027	10.10 ±0.4
光叶楸	25.80 ±1.03	2.42 ±0.10	0.0871 ±0.0035	10.66 ±0.43
灰 3	18.50 ±0.74	3.39 ±0.14	0.1538 ±0.0062	5.63 ±0.23
洛灰	23.69 ±0.95	2.20 ±0.09	0.0780 ±0.0031	10.82 ±0.43
线灰	23.67 ±0.95	3.86 ±0.15	0.1778 ±0.0071	6.23 ±0.25
小叶金丝	18.48 ±0.74	1.91 ±0.08	0.0722 ±0.0029	9.69 ±0.39

注：楸树无性系试验林 2006 年营造，2011 年测定。

8.2.2　干旱胁迫对无性系瞬时水分利用效率(WUEi)的影响

长期以来,植物水分利用效率(WUE)一直是人们比较关注的问题,是国内外干旱、半干旱地区农林业、生物学以及全球变化研究中的一个热点问题。了解植物的水分利用效率不仅可以掌握植物的生存适应对策,还可以人为调控有限的水资源来获得最高的产量或经济效益,为在干旱地区进行植被恢复和保育提供科学依据(曹生奎等,2009)。叶片瞬时水分利用效率(WUE)用净光合速率(Pn)与蒸腾速率(Tr)的比值表示,它的大小主要取决于 Pn 与 Tr 两者的变化。随着干旱胁迫的发生,WUE 经历了先升高后降低的过程,但是不同楸树无性系的 WUE 对干旱胁迫的响应不一致(图 8-1)。方差分析和多重比较的结果表明,正常水分条件下,3 个无性系的 WUE 差异并不显著,数值按大小排序分别是无性系 1 – 4(2.95 ± 0.19μmol/mmol)>7080(2.85 ± 0.19μmol/mmol)> 015 – 1(2.47 ± 0.24μmol/mmol)。在干旱第 3d,各无性系的瞬时水分利用效率存在显著性差异($P < 0.05$),无性系 7080 的水分利用效率明显高于其他两个无性系,上升至 3.43 ± 0.27μmol/mmol。到干旱第 6d,各无性系的 WUE 均有大幅度提升,分别是正常水分条件的 1.2、2.4、2.1 倍,尤其以无性系 7080 最为明显,达到最高值(6.72 μmol/mmol),无性系 015 – 1 次之,无性系 1 – 4 的上升幅度最小。这是因为这个期间蒸腾速率大幅度下降,但各无性系的净光合速率还维持在一定水平。而在干旱第 9d,无性系 015 – 1 和 1 – 4 的瞬时水分利用效率才达到最大值,尽管如此,二者的 WUE 值仍然远低于 7080。随着胁迫强度的加剧,WUE 在干旱第 12d 均有所下降,无性系 7080 的瞬时水分利用效率仍旧维持在较高水平,显著高于无性系 015 – 1 和 1 – 4($P < 0.01$)。

以往研究表明,水分利用效率随着干旱胁迫的加剧呈现先升高后降低的趋势(李吉跃,1990;文建雷等,2003)。Midgley 等(1993)在研究南非多年生灌木的循环干旱胁迫试验时也指出,随土壤干旱到中度水分含量过程中,WUE 提高,但当土壤含水量极低时,气孔导度最终变得稳定,WUE 又开始下降。这与本书中 3 个无性系的水分利用效率的变化规律一致。可以看出,上述无性系 WUE 提高的机制是受到干旱胁迫后，苗木的 Pn 和 Tr 都下降，但 Pn 下降的幅度小于 Tr。无性系 1 – 4 由于初始的净光合速率和蒸腾速率都低于其他无性系，且在胁迫过程中的降幅较小，反映速度较慢，WUE 提高相对较少，瞬时水分利用的变化趋势相对较平缓，WUE 的上升幅度也较小。水分利用效率的提高使楸树无性系在减少水分消耗的同时，能够维持一定的光合生产力，从而提高了它们对干旱的忍耐能力，这有利于增强它们对极端干旱环境的抵御能力。

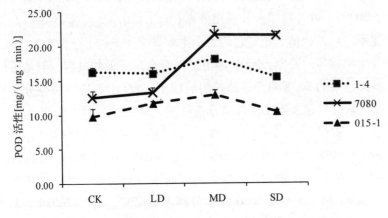

图 8-1　水分胁迫下楸树无性系瞬时水分利用效率的变化

楸树抗旱节水优良无性系评价与筛选

　　植物的抗旱机理是植物体为适应干旱环境而形成的响应机制，不同物种会通过不同途径来抵御或忍耐干旱胁迫的影响。目前研究植物抗旱机理较为科学的方法是在干旱胁迫状态下测定供试植物的相关生理生化指标，通过这些指标从不同侧面反应这些植物的抗旱性。然而，单项评价指标难以准确反映出植物对干旱适应的综合能力，存在一定的片面性，因此，只有运用数学的方法对与植物抗旱性相关的各个指标进行综合分析，应用这些指标的系统分析结果来综合评价植物的抗旱性，才能全面准确地评价不同植物耐旱性的强弱。植物抗旱性评价方法主要有如下几种方法：

　　(1)抗旱性隶属函数法。抗旱性隶属函数法是目前应用最普遍的抗旱性综合评价法，这种方法采用 Fuzzy 数学中隶属函数的方法对树种各个抗旱指标值的隶属函数值进行累加，求取平均数以评定抗旱性。抗旱性隶属函数值的计算方法如下：

　　如某一指标与抗旱性成正相关，可用公式：

$$X(\mu) = (X - X_{min})/(X_{max} - X_{min}),$$

　　如某一指标与抗旱性成负相关，可用公式：

$$X(\mu) = 1 - ((X - X_{min})/(X_{max} - X_{min}))$$

　　式中：$X(\mu)$——抗旱性隶属函数值；

　　　　　X——某一指标的测定值；

　　　　　X_{max}——某一指标测定值中的最大值；

　　　　　X_{min}——某一指标测定值中的最小值。

　　(2)抗旱性综合指数法。根据各指标变量在抗旱性中的贡献，确定其权重，对经过标准化的指标变量值进行加权求和，即得抗旱性综合指数（D）（王非等，2007），D 值越大，其抗旱性越强。抗旱性综合指数计算公式如下：

$$抗旱性综合评价值\, D = \sum_{i=1}^{n}\left[\frac{X_i - X_{\min}}{X_{\max} - X_{\min}} \times \frac{P_j}{\sum_{j=1}^{n} P_j}\right]$$

式中：X_i——第 i 个综合指标；

$X_{\min}$——第 i 个综合指标的最小值；

$X_{\max}$——第 i 个综合指标的最大值。

（3）抗旱性分级评价法。为了得到某一物种的抗旱总级别值，一般把所测指标值分为几个等级，计算时把同一物种或品质的几个级别值相加，相对单指标评价法，这种多指标分级评价抗旱性的方法可靠性更高。

另外，抗旱综合评定也可以通过数学分析法，如多目标决策分析法、聚类分析法、加权平均法、通径分析法、灰关联法和相似优先比法等（赵秀莲等，2004）。

9.1　楸树无性系抗旱节水指标体系的建立

应用主成分分析系法，根据研究目的和测定指标，对楸树无性系的各项抗旱指标进行了分类：

（1）生长指标：根干重、茎干重、叶干重、叶柄干重、根冠比；

（2）根系形态指标：长度、表面积、体积、平均直径、根尖数、分叉数；

（3）节水指标：耗水量、耗水速率、蒸腾速率（Tr）、气孔导度（Cond）、瞬时水分利用效率（WUE）；

（4）抗旱指标：叶水势、净光合速率（Pn）、气孔导度（Cond）、叶绿素荧光动力学参数（Fv/Fm、Fv/F$_0$、qP、qN）、叶绿素含量、游离脯氨酸、叶可溶性糖、可溶性蛋白、SOD、POD。

9.2　楸树抗旱节水优良无性系的综合评价与筛选

按照不同的指标体系，应用 SAS 9.0 的主成分分析法分别对正常水分及不同干旱胁迫时期的盆栽苗木进行分析，结果见表 9-1（表中仅列出累积贡献率在 85% 以上的主成分的特征向量）。

表 9-1   不同时期楸树无性系苗木生长指标主成分分析

正常水分	生长指标 \ 贡献率	0.6376	0.3624
	X1 根干重	− 0.1080	0.7290
	X2 茎干重	0.5301	0.2397
	X3 叶干重	0.5561	− 0.0878
	X4 叶柄干重	0.4454	0.4504
	X5 根冠比	− 0.4469	0.4478
严重干旱	生长指标 \ 贡献率	0.6343	0.3657
	X1 根干重	0.5213	0.2748
	X2 茎干重	0.2174	− 0.6818
	X3 叶干重	− 0.2923	0.6314
	X4 叶柄干重	− 0.5486	− 0.1575
	X5 根冠比	0.5427	0.1900

在正常水分条件下，楸树无性系苗木第一主成分中起主要作用的是茎干重、叶干重，而叶柄干重的影响相对较小，它们代表了无性系地上部分的生物量；第二主成分中起主要作用的是根干重，主要表征的是地下部分的生物量（表 9-1）。可以看出，在正常水分条件下，地上部分和地下部分的生物量的差异造成了各无性系的生长差异。到了严重干旱胁迫时期，根干重和根冠比对第一主成分的影响最大，而茎干重和叶干重对第二主成分的影响较大，表明楸树无性系在干旱胁迫下的差异主要表现在根系部分，其次是地上部分。

表 9-2   不同时期楸树无性系苗木根系形态指标主成分分析

正常水分	根系形态指标 \ 贡献率	0.9215	
	X1 长度	0.4249	
	X2 表面积	0.4248	
	X3 体积	0.4111	
	X4 平均直径	0.3439	
	X5 根尖数	0.4222	
	X6 分叉数	0.4164	
严重干旱	根系形态指标 \ 贡献率	0.8269	0.1731
	X1 长度	0.4489	− 0.0106
	X2 表面积	0.4484	0.0493
	X3 体积	0.3515	0.6105
	X4 平均直径	0.4429	0.1600
	X5 根尖数	− 0.2899	0.7492
	X6 分叉数	0.4400	− 0.1945

由于根系干重的变化对楸树无性系的生长有较大影响，对不同时期的根系形态指标也做了主成分分析（表9-2）。在正常水分条件下，根系长度、表面积、体积、根尖数和分叉数各无性系的差异均较大，但是平均直径对根系特征值的贡献相对较小。在严重干旱胁迫下，根系长度、表面积、平均直径和分叉数是第一主成分中影响较大的指标，根体积和根尖数对第二主成分的影响较大。总的来说在干旱胁迫下各根系形态指标均有较大变化，使楸树无性系的根系形态有很大差异。

在正常水分条件下，各节水指标对楸树无性系苗木的节水性能均有较大影响（表9-3）。随着干旱胁迫的加剧，部分指标在主成分中的比例有所变化，第一主成分中贡献较小的指标对第二主成分有较大影响，但是总的来说，各节水指标在干旱各个时期的表现都较稳定，耗水量、耗水速率、蒸腾速率、气孔导度和瞬时水分利用效率对各无性系的节水性均有较大影响。

表9-3　不同干旱时期楸树无性系苗木节水指标主成分分析

正常水分	生长指标 \ 贡献率	0.9333	
	X1 耗水量	0.4545	
	X2 耗水速率	−0.4620	
	X3 Tr	0.4510	
	X4 Cond	0.4614	
	X5 WUE	−0.4045	
轻度干旱	生长指标 \ 贡献率	0.7474	0.2526
	X1 耗水量	0.4934	−0.2673
	X2 耗水速率	−0.0875	0.8770
	X3 Tr	0.5046	0.1962
	X4 Cond	0.5141	−0.0980
	X5 WUE	−0.4796	−0.3336
中度干旱	生长指标 \ 贡献率	0.7030	0.2970
	X1 耗水量	0.4111	0.5229
	X2 耗水速率	0.5272	0.1244
	X3 Tr	−0.4801	0.3575
	X4 Cond	0.5305	0.0849
	X5 WUE	−0.2028	0.7590

（续）

严重干旱	生长指标 \ 贡献率	0.6343	0.3657
	X1 耗水量	0.5624	0.1672
	X2 耗水速率	0.5753	−0.0797
	X3 Tr	−0.0795	0.6975
	X4 Cond	−0.5019	0.3511
	X5 WUE	0.3075	0.5966

通过主成分相关矩阵输出的特征向量值来看，第一主成分中除叶绿素的贡献较小之外，其余指标均对楸树无性系的抗旱性有较大影响，第二主成分中起主要作用的是叶绿素含量，各指标的系数相差不大（表9-4）。因此此处采用因子分析方法，通过主成分分析方法提取的初始公因子（前两个），再进行方差最大正交旋转（Vari$_{max}$），进一步简化后得到各指标的载荷。可以看出，第一公因子主要由叶水势、净光合速率（Pn）、气孔导度（Cond）、Fv/Fm、Fv/F$_0$、游离脯氨酸（Pro）、叶可溶性糖和SOD决定，其中叶水势、Pn、Cond、Fv/Fm、Fv/F$_0$和SOD的载荷均为较大的正值，其测定结果随着干旱胁迫程度的加剧而递减，Pro、叶可溶性糖的载荷为负值，它们随着干旱胁迫的加剧值越来越高。第二公因子中起主要作用的是叶绿素含量，而POD酶活性则对楸树各无性系的抗旱指标影响较小，以后测定时可不纳入抗旱指标体系。

表9-4　不同干旱时期楸树无性系苗木抗旱指标主成分及因子分析

抗旱指标	主成分		因子分析	
贡献率	0.7152	0.1141	0.7079	0.1214
X1 叶水势	0.3675	0.0515	0.9828	−0.0541
X2 Pn	0.3612	0.0464	0.9654	−0.0576
X3 Cond	0.3568	0.0133	0.9499	−0.0914
X4 叶绿素	−0.0396	0.8705	−0.0023	0.9358
X5 Fv/Fm	0.3160	0.2524	0.8696	0.1745
X6 Fv/F$_0$	0.3265	0.2017	0.8917	0.1175
X7 Pro	−0.3443	0.2788	−0.8821	0.3978
X8 叶可溶性糖	−0.3509	0.1751	−0.9119	0.2897
X9 SOD	0.3541	0.0836	0.9512	−0.0160
X10 POD	−0.1795	0.1326	−0.4614	0.1939

9.3 抗旱节水指标的量化评价及检验

通过主成分和因子分析等数据分析方法，筛选出了可以综合评价楸树无性系苗木节水抗旱性的指标体系，具体如下：

(1)生长指标：根干重、茎干重、叶干重；

(2)根系形态指标：长度、表面积、体积、平均直径、根尖数、分叉数；

(3)节水指标：耗水量、耗水速率、蒸腾速率(Tr)、气孔导度(Cond)、瞬时水分利用效率(WUE)；

(4)抗旱指标：叶水势、净光合速率(Pn)、气孔导度(Cond)、叶绿素荧光动力学参数(Fv/Fm、Fv/F_0)、叶绿素含量、游离脯氨酸、叶可溶性糖、SOD。

其中气孔导度既属于节水指标也属于抗旱指标。

综上所述，干旱胁迫对楸树各无性系的水分特征、光合特性、叶绿素荧光动力学参数、渗透调节物质、酶系统、生物量及根系特征值等都会产生极大影响，各无性系的响应方式也有所不同。总的来说3个无性系中，无性系7080在严重干旱时还能保有较高的叶水势，有较高的净光合速率和WUE，叶绿素荧光动力学参数值受干旱胁迫影响较小，保护酶活性较高，虽然根系受到干旱胁迫的影响较大，总体上还是显示出较强的抗旱性。其次是无性系015-1，其根冠比在胁迫后变大，根长、根尖等根系特征值也变高，说明这个无性系在受到胁迫时根系反应较为敏感，更倾向于将更多的生物量分配到根系中以吸收水分。无性系1-4的地上部分和地下部分受到的影响都较为严重，抗旱能力较差。各无性系在干旱胁迫下对水分亏缺表现出的这一系列生理生化反应从一定程度上也体现了3个无性系基因型的差异。

参 考 文 献

曹生奎，冯起，司建华，等．植物叶片水分利用效率研究综述[J]．生态学报，2009，29（7）：3882 - 3892

岑显超．不同品种（类型）楸树苗木对干旱胁迫的生理响应[D]．南京：南京林业大学，2008，1 - 83

陈坤荣，王永义．加勒比松耐旱性生理特征研究[J]．西南林学院学报，1997，17（4）：9 - 15

陈立松，刘星辉．水分胁迫对荔枝叶片糖代谢的影响及其与抗旱性的关系[J]．热带作物学报，1999，20（2）：31 - 36

陈明涛，赵忠．干旱对4种苗木根系特征及各部分物质分配的影响[J]．北京林业大学学报，2011，33（1）：16 - 22

褚建民，孟平，张劲松，等．土壤水分胁迫对欧李幼苗光合及叶绿素荧光特性的影响[J]．林业科学研究，2008，21（3）：295 - 300

戴建良．侧柏种源抗旱性测定和选择[D]．北京：北京林业大学，1996

单长卷，梁宗锁．土壤干旱对刺槐幼苗水分生理特征的影响[J]．山东农业大学学报：自然科学版，2006，37（4）：598 - 602

段爱国，张建国，张俊佩，等．金沙江干热河谷植被恢复树种盆栽苗蒸腾耗水特性的研究[J]．林业科学研究，2009，22（1）：55 - 62

樊卫国，刘国琴，何嵩涛，等．刺梨对土壤干旱胁迫的生理响应[J]．中国农业科学，2002，35（10）：1243 - 1248

付爱红，陈亚宁，李卫红，等．干旱、盐胁迫下的植物水势研究与进展[J]．中国沙漠，2005，25（5）：744 - 749

付秋实，李红岭，崔健等．水分胁迫对辣椒光合作用及相关生理特性的影响[J]．中国农业科学，2009，42（5）：1859 - 1866

高志红，陈晓远．聚乙二醇造成的水分胁迫对水稻根系生长的影响[J]．华北农学报，2009，24（2）：128 - 133

郭春芳，孙云，唐玉海等．水分胁迫对茶树叶片叶绿素荧光特性的影响[J]．中国生态农业学报，2009，17（3）：560 - 564

郭从俭, 娄士高. 低山丘陵区楸树幼林生长与立地条件的关系[J]. 林业科学研究, 1992, (6): 712-716

郭从俭, 钱士金, 王连卿, 等. 楸树栽培[M]. 北京: 中国林业出版社, 1988, 33-45

郭连生, 田有亮. 9 种针阔叶幼树的蒸腾速率、叶水势与环境因子关系的研究[J]. 生态学报, 1992, 12(1): 47-52

郭连生, 田有亮. 八种针阔叶幼树清晨叶水势与土壤含水量的关系及抗旱性研究[J]. 生态学杂志, 1992, 11(3): 4-7

郭连生, 田有亮. 对几种阔叶树种耐旱性生理指标的研究[J]. 林业科学, 1989, 25(5): 389-394

郭明. "材" 貌双全的楸树[J]. 林业经济, 2002, (6): 60

哈申格日乐, 宋云民, 李吉跃, 等. 水分胁迫对毛乌素地区 4 树种幼苗生理特性的影响[J]. 林业科学研究, 2006, 19(3): 358-363

韩蕊莲, 李丽霞, 梁宗锁. 干旱胁迫下沙棘叶片细胞膜透性与渗透调节物质研究[J]. 西北植物学报, 2003, 23(1): 23-27

韩兴国, 严昌荣, 陈灵芝, 等. 暖温带地区几种木本植物碳稳定同位素的特点[J]. 应用生态学报, 2000, 11(4): 497-500

何茜, 李吉跃, 陈晓阳, 等. 毛白杨不同无性系苗木耗水量及其昼夜分配[J]. 华南农业大学学报, 2010, 31(1): 47-50.

何茜. 毛白杨抗旱节水优良无性系评价与筛选[D]. 北京: 北京林业大学, 2008: 1-165.

何炎红, 郭连生, 田有亮. 白刺叶不同水分状况下光合速率及其叶绿素荧光特性的研究[J]. 西北植物学报, 2005, 25(11): 2226-2233

洪亚平, 陈之端. 易卷曲叶表皮制片技术 (NaOCl 法) 的改进[J]. 植物学通报, 2002, 19(6): 746-748

洪亚平, 潘开玉, 陈之端, 等. 防己科植物的叶表皮特征及其系统学意义[J]. 植物学报, 2001, 43(6): 615-623

胡晓健, 欧阳献, 喻方圆. 干旱胁迫对不同种源马尾松苗木生长及生物量的影响[J]. 江西农业大学学报, 2010, 32(3): 0510-0516

胡新生, 王世绩. 树木水分胁迫生理与耐旱性研究进展及展望[J]. 林业科学, 1998, 34(2): 77-89

华雷, 何茜, 李吉跃, 等. 桉树无性系和华南乡土树种秋枫苗木耗水特性的比较[J]. 应用生态学报, 2014, 25(6): 1639-1644.

黄颜梅, 张健, 罗成德. 树木抗旱性研究[J]. 四川农业大学学报, 1997, 15(1): 49-54

姜慧芳, 任小平. 干旱胁迫对花生叶片 SOD 活性和蛋白质的影响[J]. 作物学报, 2004, 30(2): 169-174

蒋高明. 植物生理生态学[M]. 北京: 高等教育出版社, 2004: 93-95

金永焕, 李敦求, 姜好相. 不同土壤水分对赤松光合作用与水分利用效率的影响研究[J]. 中国生态农业学报, 2007, 15(1): 71-74

克拉特(Clutter J L). 1982. 用材林经理学——定量方法[M]. 范济洲等译. 1991 北京: 中国林业出版社

孔艳菊, 孙明高, 胡学俭, 等. 干旱胁迫对黄栌幼苗几个生理指标的影响[J]. 中南林学院学报, 2006, 26(4): 42-46

黎祜琛, 印治军. 树木抗旱性及抗旱造林技术研究综述[J]. 世界林业研究, 2003, 16(4): 17-22

李波, 贾秀峰, 白庆武, 等. 干旱胁迫对苜蓿脯氨酸累积的影响[J]. 植物研究, 2003, 23(2): 189-191

李博, 田晓莉, 王刚卫, 等. 苗期水分胁迫对玉米根系生长杂种优势的影响[J]. 作物学报, 2008, 34(4): 662-668

李春阳, Tuomela K. 桉树的抗旱性研究进展[J]. 世界林业研究, 1998, 11(3): 22-27

李红丽, 董智, 丁国栋, 等. 浑善达克沙地植物蒸腾特征的研究[J]. 干旱区资源与环境, 2003, 17(5): 135-140

李吉跃, TEREBCEJB. 多重复干旱循环对苗木气体交换和水分利用效率的影响[J]. 北京林业大学学报, 1992, 21(3): 1-8

李吉跃, 张建国. 北方主要造林树种耐旱机理及其分类模型的研究(I)——苗木叶水势与土壤含水量的关系及分类[J]. 北京林业大学学报, 1993, 15(3): 1-3

李吉跃, 周平, 招礼军. 干旱胁迫对苗木蒸腾耗水的影响[J]. 生态学报, 2002, 22(9): 1380-1386

李吉跃. 太行山区主要造林树种耐旱特性的研究(I)——一般水分生理生态特性[J]. 北京林业大学学报, 1991, 13(增刊1): 10-24

李吉跃. 太行山区主要造林树种耐旱特性的研究[D]. 北京: 北

京林业大学，1990

李昆，张昌顺，马姜明，等．元谋干热河谷不同人工林土壤肥力比较研究[J]．林业科学研究，2006，19(5)：574-579

李林锋，刘新田．干旱胁迫对桉树幼苗的生长和某些生理生态特性的影响[J]．西北林学院学报，2004，19(1)：14-17

李茂松，王春艳，宋吉青，等．小麦进化过程中叶片气孔和光合特征演变趋势[J]．生态学报，2008，28(11)：5385-5391

李润唐，张映南，田大伦．柑橘类植物叶片的气孔研究[J]．果树学报，2004，21(5)：419-424.

李淑英，王北洪，马智宏，等．土壤水分含量对欧李叶叶绿素荧光及光合特性的影响[J]．安徽农学通报，2007，13(14)：25-27

李同立．不同楸树类型(品种)1年生苗木生长规律和生理特性对比研究[D]．南京：南京林业大学，2008，1-65

李晓，冯伟，曾晓春．叶绿素荧光分析技术及应用研究[J]．西北植物学报，2006，26(10)：2186-2196

李晓储，黄利斌，张永兵，等．四种含笑叶解剖性状与抗旱性的研究[J]．林业科学研究，2006，19(2)：177-181

李雪华，蒋德明，骆永明，等．不同施水量处理下樟子松幼苗叶片水分生理生态特性的研究[J]．生态学杂志，2003，22(6)：17-20

李燕，薛立，吴敏．树木抗旱机理研究进展[J]．生态学杂志，2007，26(11)：1857-1866

梁有旺，彭方仁，王顺财．楸树嫩枝扦插试验初报[J]．林业科技开发，2006，20(1)：67-69

刘道平．加快我国用材林建设的对策措施[J]．林业经济，2000，(6)：24-28

刘娥娥，汪沛洪，郭振飞．植物的干旱诱导蛋白[J]．植物生理学通讯，2001，37(2)：155-160

刘奉觉，郑世锴，巨关升．树木蒸腾耗水测算技术的比较研究[J]．林业科学，1997，33(2)：117-126

刘海军，Shabtai C，Josef T，等．应用热扩散法测定香蕉树蒸腾速率[J]．应用生态学报，2007，18(1)：35-40

刘锦春，钟章成，何跃军．干旱胁迫及复水对喀斯特地区柏木幼苗活性氧清除系统的影响[J]．应用生态学报，2011，22(11)：2836

－2840

刘淑明，孙丙寅，孙长忠．油松蒸腾速率与环境因子关系的研究
[J]．西北林学院学报，1999，14(4)：27－30

刘伟钦，陈步峰，尹光天，等．顺德地区不同森林改造区土壤水
分—物理特性研究[J]．林业科学研究，2003，16(4)：495－500

刘晓英，罗远培，石元春．水分胁迫后复水对冬小麦叶面积的激
发作用[J]．中国农业科学，2001，34(4)：422－428

刘长利，王文全，崔俊茹，等．干旱胁迫对甘草光合特性与生物
量分配的影响[J]．中国沙漠，2006，26(1)：142－145

卢从明，张其德，匡廷云．水分胁迫对光合作用的研究进展[J]．
植物学通报，1994，11：9－14

鲁从明，张其德，匡廷云．水分胁迫对光合作用影响的研究进展
[J]．植物学通报，1994，11(增)：9－14

陆嘉惠，李学禹，周玲玲，等．甘草属植物叶表皮特征及其系统
学意义[J]．云南植物研究，2005，27(5)：525－533

陆新华，叶春海，孙光明．干旱胁迫下菠萝苗期叶绿素含量变化
研究[J]．安徽农业科学，2010，38(8)：3972－3973，3976

逯永满，姜彦成．中国海罂粟属(*Glaucium* L.)叶片特征及其抗
旱性[J]．新疆农业科学，2010，47(10)：2063－2067

罗明华，胡进耀，吴庆贵，等．干旱胁迫对丹参叶片气体交换和
叶绿素荧光参数的影响[J]．应用生态学报，2010，21(3)：619－623

律秀娜，任丽娜，黄真真，等．干旱胁迫对月见草体内游离脯氨
酸含量的影响[J]．高师理科学刊，2007，27 (3)：66－68

马建路．天然红松林立地类型划分与立地质量评价的研究[D]．
哈尔滨：东北林大学，1993

马双艳，姜远茂，彭福田，等．干旱胁迫对苹果叶片中甜菜碱和
丙二醛及脯氨酸含量的影响[J]．落叶果树，2003，(5)：1－4

马双燕，姜远茂，彭福田，等．干旱胁迫对苹果叶片中的甜菜碱
和丙二醛及腹氨酸含量的影响[J]．落叶果树，2003，(5)：1－4

孟庆辉，潘青华，鲁韧强，等．4 个品种扶芳藤茎叶解剖结构及
其与抗旱性的关系[J]．农业基础科学，2006，22(4)：138－142

聂华堂．水分胁迫下柑桔的生理变化与抗旱性的关系[J]．中国
农业科学，1991，24(4)：78－85

潘庆凯，康平生，郭明. 楸树［M］. 北京：中国林业出版社，1991，21 – 33

彭立新，李德全，束怀瑞. 植物在渗透胁迫下的渗透调节作用［J］. 天津农业科学，2002，8（1）：40 – 43

乔勇进，夏阳，梁慧敏，等. 试论楸树的生物生态学特性及发展前景［J］. 防护林科技，2003，57（4）：23 – 24

邱权，潘昕，李吉跃等. 速生树种尾巨桉和竹柳幼苗的光合特性和根系特征比较［J］. 中南林业科技大学学报，2014，34（1）：53 – 59.

时连辉，牟志美，姚健. 不同桑树品种在土壤水分胁迫下膜伤害和保护酶活性变化［J］. 蚕业科学，2005，31（1）：13 – 17

史玉炜，王燕凌，李文兵，等. 水分胁迫对刚毛柽柳可溶性蛋白、可溶性糖和脯氨酸含量变化的影响［J］. 新疆农业大学学报，2007，30（2）：5 – 8

司建华，常宗强，苏永红，等. 胡杨叶片气孔导度特征及其对环境因子的响应［J］. 西北植物学报，2008，28（1）：0125 – 0130

宋海星，李生秀. 水、氮供应和土壤空间所引起的根系生理特性变化［J］. 植物营养与肥料学报，2004，10（1）：6 – 11

宋莉英，孙兰兰，舒展，等. 干旱和复水对入侵植物三裂叶蟛蜞菊叶片叶绿素荧光特性的影响［J］. 生态学报，2009，29（7）：3713 – 3721

孙彩霞，沈秀英，刘志刚. 作物抗旱生理生化机制的研究现状和进展［J］. 杂粮作物，2002，22（5）：285 – 288

孙鹏森，马履一，王小平，等. 油松树干液流的时空变异性研究［J］. 北京林业大学学报，2000，22（4）：1 – 6

孙书存，陈灵芝. 东灵山地区辽东栎叶养分的季节动态与回收效率［J］. 植物生态学报，2001，25（1）：76 – 82

孙同兴，江幸山. 简便有效的叶表皮离析方法——过氧化氢 – 醋酸法［J］. 广西植物，2009，29（1）：44 – 47

孙宪芝，郑成淑，王秀峰. 木本植物抗旱机理研究进展［J］. 西北植物学报，2007，27（3）：629 – 634

孙映波，尤毅，朱根发，等. 干旱胁迫对文心兰抗氧化酶活性和渗透调节物质含量的影响［J］. 生态环境学报，2011，20（11）：1675

－1680

唐罗忠,黄选瑞,李彦慧.水分胁迫对白杨杂种无性系生理和生长的影响[J].河北林果研究,1998,22(2):99－102

王非,于成龙,刘丹.植物生长调节剂对苗木抗旱性影响的综合评价[J].林业科技,2007,32(3):56－60

王家顺,李志友.干旱胁迫对茶树根系形态特征的影响[J].河南农业科学,2011,40(9):55－57

王晶英,赵雨森,王臻,李贺程.干旱胁迫对银中杨生理生化特性的影响[J].水土保持学报,2006,20(1):197－200

王俊刚,陈国仓,张承烈.水分胁迫对2种生态型芦苇(*Phragmites communis*)的可溶性蛋白含量、SOD、POD、CAT活性的影响[J].西北植物学报,2002,22(3):561－565

王立德,廖红,王秀荣,等.植物根毛的发生、发育及养分吸收[J].植物学通报,2004,21(6):649－659

王陆军,张赟齐,丁正亮,等.安徽肖坑亚热带常绿阔叶林4优势树种叶养分动态及其利用效率[J].东北林业大学学报,2010,38(7):10－12

王森,代力民,姬兰柱,等.长白山阔叶红松林主要树种对干旱胁迫的生态反应及生物量分配的初步研究[J].应用生态学报,2001,12(4):496－500

王世红.桉树人工林土壤肥力演变特征研究[D].南京林业大学硕士学位论文,2007,1－63

王廷敞.把楸树列为重要绿化树种[J].安徽林业科技,2003,6(1):5

王文卿,林鹏.红树植物秋茄和红海榄叶片元素含量及季节动态的比较研究[J].生态学报,2001,21(8):1233－1238

王玉玲.我国森林需求正在发生结构性转变[J].内蒙古林业调查设计,2000:14－18

王玉涛,李吉跃,刘平.不同种源沙柳(*Salix psammophila*)苗木蒸腾耗水特性的研究.2006年全国博士生学术论坛——林业及生态建设领域相关学科.会议论文

王政权,郭大立.根系生态学[J].植物生态学报,2008,32(6):1213－1216

韦莉莉，张小全，侯振宏，等．杉木苗木光合作用及其产物分配对水分胁迫的响应[J]．植物生态学报，2005，29(3)：394-402

尉秋实，赵明，李昌龙．不同土壤水分胁迫下沙漠葳的生长及生物量的分配特征[J]．生态学杂志，2006，25(1)：7-12

魏宇昆．黄土高原不同立地条件下人工沙棘林水分生理生态适应性研究[D]．杨凌：西北农林科技大学，2002：1-66

文建雷，刘志龙，王姝清．水分胁迫条件下元宝枫的光合特征及水分利用效率[J]．西北林学院学报，2003，18(2)：1-3

吴甘霖，段仁燕，王志高，等．干旱和复水对草莓叶片叶绿素荧光特性的影响[J]．生态学报，2010，30(14)：3941-3946

吴建华，张汝民，高岩．干旱胁迫对冷蒿保护酶活性及膜脂过氧化作用的影响[J]．浙江林学院学报，2010，27(3)：329-333

吴志华，曾富华，马生健．ABA 对 PEG 胁迫下狗牙根可溶性蛋白质的影响[J]．草业学报，2004，13(5)：75-78

夏新莉，郑彩霞，尹伟伦．土壤干旱对樟子松针叶膜脂过氧化膜脂成分和乙烯释放的影响[J]．林业科学，2000，36(3)：8-12

肖冬梅，王淼，姬兰柱．水分胁迫对长白山阔叶红松林主要树种生长及生物量分配的影响[J]．生态学杂志，2004，23(5)：93-97

熊贵来，李明洋．优良环保用材树种-楸树[J]．先锋农业，2001，21(11)：34-35

熊贵来，王连卿．楸树优良无性系生产力稳定性和适应性评价[J]．河南农业大学学报，1995，(4)：411-415

徐世健，安黎哲，冯虎元，等．两种沙生植物抗旱生理指标的比较研究[J]．西北植物学报，2000，20(2)：224-228

许大全，张玉全．植物光合作用的光抑制[J]．植物生理学通讯，1992，28(4)：237-243

许大全．光合作用效率[M]．上海：上海科学出版社，2002：9-53

闫桂华．梓树的形态结构及发育解剖学研究[D]．长春：吉林农业大学，2011，1-49

闫海霞，方路斌，黄大庄．干旱胁迫对条墩桑生物量分配和光合特性的影响[J]．应用生态学报，2011，22(12)：3365-3370

燕玲，李红，刘艳．13 种锦鸡儿属植物叶的解剖生态学研究

[J]. 干旱区资源与环境, 2002, 16(1): 100 - 106

杨帆, 苗灵凤, 胥晓, 等. 植物对干旱胁迫的响应研究进展[J]. 应用与环境生物学报, 2007, 13(4): 586 - 591

杨敏生, 裴保华, 张树常. 树木抗旱性研究进展[J]. 河北林果研究, 1997, 12(1): 87 - 89

杨涛, 徐慧, 方德华, 等. 樟子松林下土壤养分、微生物及酶活性的研究[J]. 土壤通报, 2006, 37(2): 253 - 257

杨细明, 洪伟, 吴承祯, 等. 雷公藤无性系苗木光合生理特性研究[J]. 福建林学院学报, 2008, 28(1): 14 - 18

杨燕. 楸树组织培养研究[D]. 南京: 南京林业大学, 2008, 1 - 61

杨玉珍, 王顺财, 彭方仁. 我国楸树研究现状及开发利用策略[J]. 林业科技开发, 2006, 20(3): 4 - 7

姚兆华, 郝丽珍, 王萍, 等. 沙芥属植物叶片的气孔特征研究[J]. 植物研究, 2007, 27(2): 199 - 203

尹春英, 李春阳. 杨树抗旱性研究进展[J]. 应用与环境生物学报, 2003, 9(6): 662 - 668

喻晓丽, 蔡体久, 宋丽萍, 等. 火炬树对水分胁迫的生理系列化反应[J]. 东北林业大学学报, 2007, 35(6): 10 - 12

岳广阳, 张铜会, 赵哈林, 等. 科尔沁沙地黄柳和小叶锦鸡儿茎流及蒸腾特征[J]. 生态学报, 2006, 26(10): 3206 - 3213

曾凡江, 李向义, 张希明, 等. 策勒绿洲多枝柽柳灌溉前后水分生理指标变化的初步研究[J]. 应用生态学报, 2002, 13(7): 849 - 853

张承林, 付子轼. 水分胁迫对荔枝幼树根系与梢生长的影响[J]. 果树学报, 2005, 22(4): 339 - 342

张建国, 李吉跃, 沈国舫. 树木耐旱特性及其机理研究[M]. 北京: 中国林业出版社, 2000: 6

张锦, 田菊芬. 优良乡土树种楸树种质资源及发展策略[J]. 安徽农业科学, 2003, 31(6): 1012 - 1013

张锦. 国粹楸树材貌绝伦[J]. 中国林业, 2004, 25(4): 33

张锦. 淮北地区乡土观赏树种资源开发利用的探讨[J]. 安徽林业科技, 2007, 21(12): 27 - 28

张锦. 木王楸树[J]. 安徽林业, 2002, 12(4): 37

张绵. "材"貌绝伦的楸树[J]. 森林与人类, 2003, 23(3): 34

张庆费, 由文辉, 宋永昌. 浙江天童植物群落演替对土壤化学性质的影响[J]. 应用生态学报, 1999, 10(1): 19 – 22

张守仁. 叶绿素荧光动力学参数的意义及讨论[J]. 植物学通报, 1999, 16(4): 444 – 448

张岁歧, 山仑. 植物水分利用效率及其研究进展[J]. 干旱地区农业研究, 2002, 12(4): 2 – 5

张卫强, 贺康宁, 田晶会, 等. 不同土壤水分下侧柏苗木光合特性和水分利用效率的研究[J]. 水土保持研究, 2006, 13(6): 44 – 47

张晓艳, 杨惠敏, 侯宗东, 等. 土壤水分和种植密度对春小麦叶片气孔的影响[J]. 植物生态学报, 2003, 27(1): 133 – 136

张旭颖, 王玲玲, 关旸, 等. 干旱胁迫对小叶黄杨幼苗膜脂过氧化及保护酶活性的影响[J]. 哈尔滨师范大学自然科学学报, 2010, 26(2): 79 – 83

张迎辉, 王华田, 亓立云, 等. 水分胁迫对3个藤本树种蒸腾耗水性的影响[J]. 江西农业大学, 2005, 27(5): 723 – 728

招礼军. 我国北方主要造林树种耗水特性及抗旱造林技术研究[D]. 北京: 北京林业大学, 2003.

赵垦田. 国外针叶树种根系生态学研究综述[J]. 世界林业研究, 2000, 13(5): 7 – 12

赵琳, 郎南军, 温绍龙, 等. 云南干热河谷4种植物抗旱机理的研究[J]. 西部林业科学, 2006, 35(2): 9 – 16

赵秀莲, 江泽平, 李慧卿, 等. 树木抗旱性鉴定研究进展[J]. 内蒙古林业科技, 2004, 4: 18 – 21

赵燕, 李吉跃, 刘海燕, 等. 水分胁迫对5个沙柳种源苗木水势和蒸腾耗水的影响[J]. 北京林业大学学报, 2008, 30(5): 19 – 25

钟义, 夏念和. 国产润楠属植物的叶表皮特征及其系统学意义[J]. 热带亚热带植物学报, 2010, 18(2): 109 – 121

周海光, 刘广全, 焦醒, 等. 黄土高原水蚀风蚀复合区几种树木蒸腾耗水特性[J]. 生态学报, 2008, 28(9): 4568 – 4574

周平, 李吉跃, 招礼军. 北方主要造林树种苗木蒸腾耗水特性研

究[J]. 北京林业大学学报, 2002, 24(6): 50 -55

朱栗琼, 李吉跃, 招礼军. 六种阔叶树叶片解剖结构特征及其耐旱性比较[J]. 广西植物, 2007, 27(3): 431 -434

朱妍, 李吉跃, 史剑波. 北京六个绿化树种盆栽蒸腾耗水量的比较研究[J]. 北京林业大学学报, 2006, 28(1): 65 -70

Aerts R, Chapin III F S. The mineral nutrition of wild plants revisited: a re-evaluation of processes and patterns[J]. Advances in Ecological Research, 1999, 30: 1 -67

Aerts R. Nutrient resorption from senescing leaves of perennials: are there general patterns? [J]. Journal of Ecology, 1996, 84(4): 597 -608

Arora A, Sairam R K, Srivastava G C. Oxidative stress and antioxidative system in plants [J]. Current Science, 2002, 82 (10): 1227 -1238

Bakker M R, Kerisit R, Verbist K, et al. Effects of liming on rhizosphere chemistry and growth of fine roots and of shoots of sessile oak (*Quercus petraea*) [J]. Plant and Soil, 1999, 217(1 -2): 243 -255

Bella L E. A New Competition Model For Individual Trees [J]. For. Sci. 1971, (17): 364 -372

Bianchi G, Limiroli R, Pozzi N, et al. The unusual sugar composition in leaves of the resurrection plant *Myrothamnus flabellifolia*[J]. Physiologia Plantarum, 1993, 87(2): 223 -226

Bjorkman O, Demmig B. Photon yield of O_2 evolution and chlorophyll fluorescence characteristics at 77K among vascular plants of diverse origins[J]. Planta, 1987, 170: 489 -504

Blackman S. A. Maturation proteins and sugars in desiccation tolerance of developing soybean seeds[J]. Plant Physiology, 1992, 100(1): 225 -230

Block R M A, Van Rees K C J, Knight J D. A review of fine root dynamics in *Populus* plantations[J]. Agroforestry Systems, 2006, 67(1): 73 -84

Boix - Fayos C, Calvo-Cases A, Imeson A C, et al. Influence of soil properties on the aggregation of some Mediterranean soils and the use of aggregate size and stability as land degradation indicators[J]. Catena,

2001, 44(1): 47 - 67

Borowicz V A, Alessandro R, Albrecht U, et al. Effects of nutrient supply and below – ground herbivory by *Diaprepes abbreviatus* L. (Coleoptera: Curculionidae) on citrus growth and mineral content[J]. Applied Soil Ecology, 2005, 28(2): 113 – 124

Chartzoulakis K, Patskas A, Kofidis G, et al. Water stress affects leaf anatomy, gas exchange, water relations and growth of two avocado cultivars[J]. Scientia Horticulturae, 2002, 95(1 – 2): 39 – 50

Chen Y. Roles of carbohydrates in desiccation tolerance and membrane behavior in maturing maize seed[J]. Crop Science, 1990, 30(5): 971 – 975

Cheng S, Widden P, Messier C. Light and tree size influence below-ground development in yellow birch and sugar maple[J]. Plant and Soil, 2005, 270(1): 321 – 330

Cheng S. Lorentzian model of roots for understory yellow birch and sugar maple saplings[J]. Journal of Theoretical Biology, 2007, 246(2): 309 – 322

Cheng W, Coleman D C, Box J E. Root dynamics, production and distribution in agroecosystems on the Georgia Piedmont using minirhizotrons[J]. Journal of Applied Ecology, 1990, 27(2): 592 – 604

Cheruth A J, Ksouri R, Ragupathi G. Antioxidant defense responses: physiological plasticity in higher plants under abiotic constraints[J]. Acta Physiologiae Plantrum, 2009, 31(3): 427 – 436

Christmann A, Weiler E W, Steudle E, et al. A hydraulic signal in root – to – shoot signaling of water shortage[J]. The Plant Journal, 2007, 52(1): 167 – 174

Cline R G, Campbell G S. Seasonal and diurnal water relations of selected forest species[J]. Ecology, 1976, 57(2): 367 – 373

Coners H, Leuschner C. In situ measurement of fine root water absorption in three temperate tree species—Temporalvariability and control by soil and atmospheric factors[J]. Basic and Applied Ecology, 2005, 6 (4): 395 – 405

Costa C, Dwyer L M, Dutilleul P, et al. Morphology and fractal dimension of root systems of maize hybrids bearing the leafy trait[J]. Canadian Journal of Botany, 2003, 81(7): 706 – 713

Coyle D R, Coleman M D. Forest production responses to irrigation and fertilization are not explained by shifts in allocation[J]. Forest Ecology and Management, 2005, 208: 137 – 152

Cregg B M, Zhang J W. Physiology and morphology of *Pinus sylvestris* seedlings from diverse sources under cyclic drought stress[J]. Forest Ecology and Management, 2001, 154(1 – 2): 131 – 139

David T S, Ferreira M I, Cohen S, et al. Constraints on transpiration from an evergreen oak tree in southern Portugal[J]. Agricultural and Forest Meteorology, 2004, 122(3 – 4): 193 – 205

Demmig B, Winter K, Krüger A, et al. Photoinhibition and zeaxanthin formation in intact leaves – a possible role of the xanthophyll cycle in the dissipation of excess light energy[J]. Plant Physiology, 1987, 84: 218 – 224

Dickmann D I, Liu Z J, Nguyen P V, et al. Photosynthesis, water relations, and growth of two hybrid *Populus* genotypes during a severe drought[J]. Canadian Journal of Forest Research, 1992, 22(8): 1094 – 1106

Dodd I C. Root – to – shoot signaling: Assessing the roles of 'up' in the up and down world of long-distance signaling in planta[J]. Plant and Soil, 2005, 274(1 – 2): 251 – 270

Dong X J, Zhang X S. Some observations of the adaptations of sandy shrubs to the arid environment in the Mu Us Sandland: leaf water relations and anatomic features[J]. Journal of Arid Environments, 2001, 48(1): 41 – 48

Donselman H M, Flint H L. Genecology of eastern redbud(*Cercis Canadensis*)[J]. Ecology, 1982, 63(4): 962 – 971

Doran J W, Sarrantonio M, Liebig M A. Soil health and sustainability[J]. Advances in Agronomy, 1996, 56: 1 – 14

Duursma R A, Marshall J D. Vertical canopy gradients in $\delta^{13}C$ correspond with leaf nitrogen content in a mixed-species conifer forest[J]. Trees, 2006, 20(4): 496 – 506

Farquhar G D, Ehleringer J R, Hubick K T. Carbon isotope discrimination and photosynthesis[J]. Annual Review of Plant Physiology and Plant Molecular Biology, 1989, 40: 503 – 537

Farquhar G D, Oleary M H, Berry J A. On the relationship between carbon isotope discrimination and the intercellular carbon dioxide concentration in leaves[J]. Australian Journal of Plant Physiology, 1982, 9: 121 – 137

Fitter A H, Strickland T R. Architectural analysis of plant root systems 2. Influence of nutrient supply on architecture in contrasting plant species[J]. New Phytologist, 1991, 118(3): 383 – 389

Fitter A H. Darkness visible: reflections on underground ecology [J]. Journal of Ecology, 2005, 93(2): 231 – 243

Forseth I, Ehleringer J. R. Solar tracking response to drought in a desert annual[J]. Oecologia(Berl.), 1980, 44: 159 – 163

Frangne N, Maeshima M, Schaffner A R, et al. Expression and distribution of vacuolar aquaporin in young and matureleaf tissues of *Brassica napus* in relation to water fluxes[J]. Planta, 2001, 212(2): 270 – 278

Fritschen L J, Cox L, Kinerson R, et al. A 28 – meter Douglas-fir in a weighing lysimeter[J]. Forest Science, 1973, 19(4): 256 – 261

Genty B, Briantais J M, Baker N R. The relationship between the quantum yield of photosynthetic electron transport and quenching of chlorophy II fluorescence[J]. Biochimica Biophysica Acta, 1989, 990: 87 – 92

Geyer W A. Influence of environmental factors on woody biomass productivity in the central great plains, U. S. A [J]. Biomass and Bioenergy, 1993, 4(5): 333 – 337

Güsewell S. N: P ratios in terrestrial plants: variation and functional significance[J]. New Phytologist, 2004, 164(2): 243 – 266

Hacke U G, Sperry J S. Functional and ecological xylem anatomy [J]. Perspectives in Plant Ecology, Evolution and Systematics. 2001, 4 (2): 97 – 115

Hendrick R L, Pregitzer K S. Patterns of fine root mortality in two sugar maple forests[J]. Nature, 1993, 361(6407): 59 – 61

Hodge A. The plastic plant: root responses to heterogeneous supplies of nutrients[J]. New Phytologist, 2004, 162(1): 9 - 24

Huang B R, FRY J, Wang B. Water relations and Canopy characteristics of tall fescue cultivars during and after drought stress[J]. Hort Science, 1998, 33(5): 837 - 840

Huang B R, Fu J M. Photosynthesis, respiration, and carbon allocation of two cool - season perennial grasses in response to surface soil drying [J]. Plant and Soil, 2000, 227: 17 - 26

Huston M, Smith T. Plant succession: life history and competition [J]. The American Naturalist, 1987, 130(2): 168 - 198

Koerselman W, Meuleman A F M. The vegetation N: P ratio: a new tool to detect the nature of nutrient limitation[J]. Journal of Applied Ecology, 1996, 33(6): 1441 - 1450

Kong H Z. Comparative morphology of leaf epidermis in the Chloranthaceae[J]. Botanical Journal of the Linnean Society, 2001, 136(3): 279 - 294

Korol R L, Kirschbaum M U F, Farquhar G D, et al. Effects of water status and soil fertility on the C-isotope signature in *Pinusradiata*[J]. Tree Physiology, 1999, 19(9): 551 - 562

Kramer P J. Water relation of plants[M]. Academic Press, New York and London, 1983, 480

Krause G H, Weis E. Chlorophyll fluorescence and photosynthesis: the basics[J]. Annual Review of Plant Physiology and Plan tMolecular Biology, 1991, 42: 313 - 349

Larcher W. Physiological Plant Ecology[M]. Berlin: Springer-Verlag, 1983: 17 - 19

Levitt J. Response of Plants to Environmental Stress and Academic Press[M]. Now York and London, 1980, 120

Lima WP, Jarvis P, Rhizopoulou S. Stomatal responses of Eucalyptus species to elevated CO_2 concentration and drought stress [J]. Scientia Agricola, 2003, 60(2): 231 - 238.

Mazzoleni S, Dickmann D I. Differential physiological and morphological responses of 2 hybrid populus clones to water-stress[J]. Tree physiol, 1998, 4(1): 61 - 70

McCord J M, Fridovich I. Superoxide Dismutase[J]. The Journal of Biological Chemistry, 1969, 244(22): 6049 – 6055

McMillin J D, Wagner M R. Effects of water stress on biomass partitioning of Ponderosa Pine seedlings during primary root growth and shoot growth periods[J]. Forest Science, 1995, 41(3): 594 – 610

Mehdy M C. Active oxygen species in plant defense against pathogens [J]. Plant Physiol. , 1994, 105(2): 467 – 472

Midgley G. F. , MoLl E. J. Gas exchange in and adapted shrubs: when is efficient water use a disadvantage? [J]. South African J. of Botany, 1993, 59(5): 491 – 49

Moore J D, Camire C, Ouimet R. Effects of liming on the nutrition, vigor, and growth of sugar maple at the Lake Clair Watershed, Quebec, Canada[J]. Canadian Journal of Forest Research, 2000, 30(5): 725 – 732

Morgan J M. Osmoregulation and water stress in higher plants[J]. Annual Review of Plant Physiology, 1984, 35: 299 – 319

Morillon R, Chrispeels M J. The role of ABA and transpiration stream in the regulation of the osmotic water permeability of leaf cells[J]. Proc Nat I Acad Sci USA, 2001, 98(24): 14138 – 14143

Mrema A M, Granhall U. Sennerby Forest plant growth, leaf water potential nitrogenase activity and nodule anatomy in Leucaena leucocephala as affected by water stress and nitrogen availability[J]. Trees Structure and Function, 1997, 12(1): 42 – 48

Muhsin T M, Zwiazek J J. Ectomycorrhizas increase apoplastic water transport and root hydraulic conductivity in *Ulmus americana* seedlings [J]. New Phytologist, 2002, 153(1): 153 – 158

Murphy S L, Smucker A J M. Evaluation of video image analysis and line-intercept methods for measuring root systems of alfalfa and ryegrass [J]. Agronomy Journal, 1995, 87(5): 865 – 868

Ngugi M R, Hunt M A, Doley D, et al. Dry matter production and allocation in *Eucalyptus cloeziana* and *Eucalyptus argophloia* seedlings in response to soil water deficits[J]. New Forests, 2003, 26(2): 187 – 200

Nielsen K L, Lynch J P, Weiss H N. Fractal geometry of bean root systems: correlation between spatial and fractal dimension[J]. American Journal of Botany, 1997, 84(1): 26 – 33

Orgeas J, Ourcival J M, Bonin G. Seasonal and spatial pattern of foliar nutrients in cork oak (*Quercus suber* L.) growing on siliceous soils in Province(France)[J]. Plant Ecology, 2002, 164(2): 201 – 211

Panek J A, Waring R H. Stable carbon isotopes as indicators of limitations to forest growth imposed by climate stress[J]. Ecological Applications, 1997, 7(3): 854 – 863

Peterson R B, Aivak M N, Walker D A. Relationship between steady-state fluorescence yield and photosyntheticefficiency in spinach leaf issue [J]. Plant Physiol, 1998, 88: 158 – 163

Prasad T K. Mechanism of chilling-induced oxidative stress injury and tolerances in developing maize seedlings: changes in antioxidant system, oxidation of proteins and lipids, and protease activities[J]. The Plant Journal, 1996, 10(6): 1017 – 1026

Ranney T G, Whitlow T H, Bassuk N L. Response of five temperate deciduous tree species to water stress[J]. Tree Physiol. 1990, 6(4): 439 – 448

Rhizopoulou S, Davies W J. Influence of soil drying on root development, water relations and leaf growth of *Ceratonia siliqua* L. [J]. Oecologia, 1991, 88(1): 41 – 47

Robertson G P, Vitousek P M. Nitrification Potentials in Primary and Secondary Succession[J]. Ecology, 1981, 62(2): 376 – 386

Roden J S, Ehleringer J R. Summer precipitation influences the stable oxygen and carbon isotopic composition of tree-ring cellulose in *Pinus ponderosa*[J]. Tree Physiology, 2007, 27(4): 491 – 501

Ryan D F, Borman F H. Nutrient resorption in northern hardwood forests[J]. BioScience, 1982, 32(1): 29 – 32

Schlte P J, Morshall P E. Growth and water relation of black locust and pine seedlings exposed to control water stress[J]. Canadian Journal of Forest Research, 1983, 13: (2) 334 – 338

Schoenholtz S H, Miegroet H V, Burger J A. A review of chemical and physical properties as indicators of forest soil quality: challenges and opportunities[J]. Forest Ecology and Management, 2000, 138: 335 -356

Schreiber U, Bilger W, Neubauer C. Chlorophyll fluorescence as a nondestructive indicator for rapid assessment of in vivo photosynthesis[J]. Ecological Studies, 1994, 100: 49 - 70

Schulte P J, Marshall P E. Growth and water relations of black locust and pine seedlings exposed to controlled water stress[J]. Canadian Journal of Forest Research, 1983, 13(2): 334 - 338

Smedley M P, Dawson T E, Comstock G P, et al. Seasonal carbon isotope discrimination in a grassland community[J]. Oecologia, 1991, 85: 314 - 320

Smirnoff N. Plant resistance to environmental stress[J]. Current Opinion Biotechnology, 1998, 9(2): 214 - 219

Snyder K A. Williams D G. Root allocation and water uptake patterns in riparian tree saplings: responses to irrigation and defoliation[J]. Forest Ecology and Management, 2007, 246(2 - 3): 222 - 231

Sobrado M A, Turner N C. Comparison of the water relations characteristics of Heilianthus annuus and Helianthus petiolaris when subjected to water deficits[J]. Oecologia, 1983, 58: 301 - 309

Sparling G P, Schipper L A, Bettjeman W, et al. Soil quality monitoring in New Zealand: practical lessons from a 6 - year trial[J]. Agriculture, Ecosystems & Environment, 2004, 104(3): 523 - 534

Teskey R O, Hinekley T M. Influence of temperature and water potential on root growth white oak[J]. Physiol. Plant, 1981, (52): 363 - 369

Trouverie J, Thevenot C, Rocher J P. The role of abscisic acid in the response of a specific vacuolar invertase to water stress in the adult maize leaf[J]. Journal of Experimental Botany, 2003, 390(21): 77 - 86

Trubat R, Cortina J, Vilagrosa A. Plant morphology and root hydraulics are altered by nutrient deficiency in *Pistacia lentiscus* (L.) [J]. Trees-Structure and Function, 2006, 20(3): 334 - 339

Tuner N C. Drought resistance and adaptation to water deficits in crop plants[J]. Stress Physiology in Crop Plants, 1979: 343 - 372

Turner N C. Adaptation to water deficits: a changing perspective [J]. Australian Journal of Plant Physiology, 1983, 13(1): 175-190

Van K O, Snel J FH. The use of chlorophyll nomenclature in plant stress physiology[J]. Photosynthesis Research, 1990, 25(3): 147-150

Walbridge M R. Phosphorus availability in acid organic soils of the lower North Carolina coastal plain[J]. Ecology, 1991, 72(6): 2083 -2100

Welander N. T., Ottosson B. The influence of low light, drought and fertilization on transpiration and growth in young seedlings of *Quercus robur* L[J]. Forest Ecology and Management, 2000, 127(1-3): 139 -151

Williams D G, Gempko V, Fravolini A, et al. Carbon isotope discrimination by *Sorghum bicolor* under CO_2 enrichment and drought[J]. New Phytologist, 2001, 150(2): 285-293

Wilson J B. Shoot competition and root competition[J]. Journal of Applied Ecology, 1988, 25(1): 279-296

Wright R A, Wein R W, Dancik B P. Population differentiation in seedling root size between adjacent stands of Jack Pine[J]. Forest Science, 1992, 38(4): 777-785

Xiong L M, Schumaker K S, Zhu J K. Cell signaling during cold, drought, and salt stress[J]. Plant Cell, 2002, 14: 165-183

Xue Li, Xu Yan, Wu Min, et al. Seasonal patterns in nitrogen and phosphorus and resorption in leaves of four tree species[J]. Acta Ecologica Sinica, 2005, 25(3): 251-256

Yin C Y, Duan B L, Wang X, et al. Morphological and physiological responses of twocontrasting poplar species to drought stress and exogenous abscisic acid application[J]. PlantScience, 2004, 167(5): 1091-1097